装配式钢结构制作与施工

郭荣玲　刘焕波　编著

机械工业出版社

装配式建筑作为国家推动建筑业向绿色化、节能化、标准化、工业化转型升级的重要抓手，已经提升到国家战略的层面；党中央、国务院和住建部也明确提出了装配式建筑发展的方向、目标和具体推进路线，由此大大推动和加快了装配式建筑的健康、快速发展。而装配式钢结构建筑作为装配式建筑中重要的一种结构形式，有其显著的特点和优势，本书即在此背景下编写而成。本书从装配式钢结构建筑发展现状及未来发展趋势着手，主要围绕钢结构制作和施工的特点，并参照相关现行的装配式钢结构建筑的技术标准及钢结构工程施工质量验收标准的要求，结合工程实践，对装配式钢结构的基本概念、专业基本知识、制作与施工进行了详细讲解。全书共分八章二十五节，图文并茂，浅显易懂，可供钢结构制作和施工人员参考使用，也可作为钢结构从业人员的专业培训教材使用。

图书在版编目（CIP）数据

装配式钢结构制作与施工/郭荣玲，刘焕波编著 . —北京：机械工业出版社，2021.5

ISBN 978-7-111-67707-9

Ⅰ.①装⋯ Ⅱ.①郭⋯ ②刘⋯ Ⅲ.①装配式构件 – 钢结构 – 建筑施工 Ⅳ.①TU758.11

中国版本图书馆 CIP 数据核字（2021）第 041697 号

机械工业出版社（北京市百万庄大街 22 号 邮政编码 100037）
策划编辑：薛俊高 责任编辑：薛俊高
责任校对：刘时光 封面设计：马精明
责任印制：郜 敏
北京中兴印刷有限公司印刷
2021 年 3 月第 1 版·第 1 次印刷
184mm×260mm·11.25 印张·271 千字
标准书号：ISBN 978-7-111-67707-9
定价：45.00 元

电话服务　　　　　　　　网络服务
客服电话：010-88361066　机 工 官 网：www.cmpbook.com
　　　　　010-88379833　机 工 官 博：weibo.com/cmp1952
　　　　　010-68326294　金 书 网：www.golden-book.com
封底无防伪标均为盗版　机工教育服务网：www.cmpedu.com

前　言

我国现有的传统混凝土现浇建造技术虽然对城乡建设快速发展贡献很大，但弊端也十分突出，加上节能减排的要求，建筑业正面临着大转型的关键时期。而装配式建筑是一种无论从经济效益，还是从环境效益上来说都具有相当优势的现代化的建造方式，因此未来装配式建筑的发展势在必行。

目前国家倡导发展绿色建筑理念和构想，指出要大力推广装配式建筑，减少建筑垃圾和扬尘污染，缩短建造工期，提升工程质量。鼓励建筑企业现场装配式施工，并加大政策支持力度，在 2016 年提出，力争用 10 年左右时间，使装配式建筑占新建建筑的比例达到 30%。需求可以推动社会进步，装配式钢结构建筑就是在这种需求中产生且被广泛应用的新型建造形式，其具有易施工、省资源和工业化的发展优势。

装配式钢结构建筑作为装配式建筑结构的一种，相对于装配式混凝土建筑而言具有其独特的优点。抗震性能优越是钢结构建筑的主要优点之一，除此之外，还具有节地、节水、节能、节材及绿色施工等诸多优点。在建筑工程领域推广钢结构是建筑业发展循环经济的重要内容，某种意义上，可以看作是传统土木建筑业的转型与升级。

为了顺应时代潮流，规范我国装配式钢结构建筑的建设，保证装配式钢结构建筑的质量，国家出台了装配式钢结构相关的建筑技术标准，而要真正建造出质量符合要求的合格的装配式钢结构建筑，还必须拥有一批有装配式钢结构方面的业务素质、技术能力、制作和施工经验的队伍，并参照国家标准的制作施工要求分部分项来认真完成。优质的装配式钢结构建筑要做到钢结构、围护系统、设备与管线系统和内装系统的和谐统一，达到国家标准规范的要求。然而，面对装配式建筑的一些新工艺、新材料，如何保质保量地施工是从事装配式建筑施工人员所面临的现实问题。因此，对于从事钢结构行业的从业人员来说，对装配式钢结构建筑的建造还须不断地深化学习，掌握装配式钢结构建筑的特点和现行国家标准的要求。

全书共分八章二十五节，参照相关现行的装配式钢结构建筑的技术标准及钢结构工程施工质量验收标准的要求，围绕装配式钢结构制作和施工编写而成，同时，结合工程实践进行了详略得当的讲解，以帮助钢结构制作和施工的人员参考使用，同时，也可作为相关院校的培训教材。

限于编者的水平，书中难免有疏漏和不妥之处，恳请广大读者批评指正，在此谨表谢意。

编　者
2021 年 1 月

目　录

第一章　装配式钢结构概述

第一节　装配式钢结构的概念

一、装配式建筑的分类

装配式建筑是指工厂化生产的部品部件，在施工现场通过组装和连接而成的建筑。按建造结构来分类，可以分为以下三类：木结构、PC结构和钢结构。

（1）木结构　木结构住宅在中国城市的应用仅限于高档低层别墅，不适用于解决大量人口的居住问题。

（2）PC结构　即装配式混凝土结构，是由预制混凝土构件或部件通过钢筋、连接件或施加预应力加以连接并现场浇筑混凝土而形成整体的结构。

（3）钢结构　即建筑的结构系统由钢部件构成的装配式建筑，在工厂生产的钢结构部件在施工现场通过组装和连接而成。其具有强度高、自重轻、抗震性能好、施工速度快、结构构件尺寸小、工业化程度高等特点，同时钢结构又是可重复利用的绿色环保材料。

二、装配式钢结构建筑建设的原则

装配式钢结构建筑装配的原则就是将传统建筑工地的浇筑环节放置于工厂里经批量操作完成，再选取所需部件和装置在工地现场进行组装和构造。通过采用统一且固定化处理的方式以最高完成度构成"绿色建筑"，且装配式钢结构建筑建设周期内可涵盖从零件选材、生产到安装结束期间的所有动工环节，具有全面性优势。

为了规范我国装配式钢结构建筑的建设，并全面提高装配式钢结构建筑的环境效益、社会效益和经济效益，按照实用、经济、安全、绿色、美观的要求，制定了《装配式钢结构建筑技术标准》（GB/T 51232—2016）。该标准要求装配式钢结构建筑应遵循建筑全寿命期的可持续原则，并应标准化设计、工厂化生产、装配化施工、一体化装修、信息化管理和智能化应用，将结构系统、外围护系统、设备与管线系统和内装系统集成，实现建筑功能完整、性能优良的目标。装配式钢结构建筑的设计、生产运输、施工安装、质量验收与使用维护需符合《装配式钢结构建筑技术标准》（GB/T 51232—2016）、《钢结构工程施工质量验收标准》（GB/T 50205—2020）等国家相关标准要求的规定。

第二节 装配式钢结构的特点

一、装配式钢结构的优点

相对于装配式混凝土建筑而言，装配式钢结构建筑具有以下优点：

1）没有现场现浇节点，安装速度更快，施工质量更容易得到保证。
2）钢结构是延性材料，具有更好的抗震性能。
3）相对于混凝土结构，钢结构自重更轻，基础造价更低。
4）钢结构是可回收材料，更加绿色环保。
5）精心设计的装配式钢结构建筑，比装配式混凝土建筑具有更好的经济性。
6）梁柱截面更小，可获得更多的使用面积。

二、装配式钢结构的缺点

1）相对于装配式混凝土结构，外墙体系较为复杂，与传统建筑存在差别。
2）外墙体系如果处理不当或者缺少经验，防火和防腐问题需要引起特别重视。
3）若设计不当，钢结构比传统现浇混凝土结构造价更高，但相对装配式混凝土建筑而言，仍然具有一定的经济性。

三、装配式钢结构节点的特点

目前装配式钢结构的梁柱节点主要采用栓焊连接。但装配式钢结构推荐采用螺栓连接节点，螺栓连接（免焊连接）的好处有：

1）安装速度快。
2）更加容易控制施工质量。
3）现场焊缝是钢结构容易发生腐蚀的主要部位（油漆现场处理不当），全螺栓连接可以避免此类问题，并可以做到油漆全部由工厂涂装，大大提高了钢结构的防腐蚀性能。

如适用于三层以下房屋的冷弯薄壁系统，通过自攻钉等连接件，已经实现了现场无任何焊缝。分层框架体系亦采用全螺栓连接，施工效率大大提高。

第三节 装配式钢结构的现状和前景

一、装配式钢结构建筑的现状

改革开放以后，我国经济建设突飞猛进，钢结构也有了前所未有的发展，应用的领域有了较大的扩展。高层和超高层房屋、多层房屋、单层轻钢房屋、体育场馆、大跨度会展中心、大型客机检修库、自动化高架仓库、城市桥梁和大跨度公路桥梁、粮仓以及海上采油平台等都已广泛采用钢结构。目前已建和在建的高层和超高层钢结构已有30余幢，其中地上

88 层、地下 3 层、高 421m 的上海金茂大厦的建成，标志着我国超高层钢结构已进入世界前列。在大跨度建筑和单层工业厂房中，网架和网壳等结构的广泛应用已受到世界各国的瞩目，其中上海体育馆马鞍环形大悬挑空间钢结构已进入世界先进行列。桥梁方面，九江长江大桥、上海市杨浦大桥和江阴长江大桥等桥梁的建成，标志着我国已有能力建造任何现代化的桥梁。2005 年我国钢产量达到 3.45 亿吨，已连续多年高居世界各国钢铁年产量榜首，钢材质量及钢材规格也已满足基本的建筑钢结构的要求，市场经济的发展与不断成熟更为钢结构的发展创造了条件。

因此，我国钢结构正处于迅速发展的前期。可以预见，今后我国钢结构的发展方向主要在以下几个方面：

（1）发展高强度低合金钢材 逐步发展高强度低合金钢材（除 Q235 钢、Q355 钢外），Q390 钢和 Q420 钢在钢结构中的应用有待进一步研究。

（2）钢结构设计方法的改进 概率极限状态设计方法还有待发展，因为它计算的还只是构件或某一截面的可靠度，而不是结构体系的可靠度，同时也不适用于疲劳计算的反复荷载作用下的结构。另外，结构设计上考虑优化理论的应用与计算机辅助设计及绘图虽然近年都得到很大的发展，今后还应继续研究和改进。

（3）结构形式的革新 结构形式的革新也是今后值得研究的课题，如悬索结构、网架结构和超高层结构等近年来得到了很大的发展与应用。钢-混凝土组合结构的应用也日益广泛，但结构的革新仍有待进一步发展。

装配式钢结构建筑在国内已不是新事物，尤其是近期国家政策层面暖风频吹，各地相关政策陆续落地。但不可否认的是，现状似乎是差别迥异：一方面，装配式钢结构建筑在公共建筑中应用广泛，接受度高；另一方面，装配式钢结构建筑在市场巨大的住宅领域应用还并不普遍。

二、装配式钢结构建筑的前景

钢结构的优势有以下几点。

1. 钢结构是绿色产业

钢结构工业化程度高，施工周期短、现场用工少、劳动生产率高，而且品质易保证；施工占地少，可采用干式施工，节约用水，产生的噪声小、粉尘少；钢材可回收利用，减少建筑垃圾和环境污染。在建筑工程领域推广钢结构是建筑业发展循环经济的重要内容，也是传统土木建筑业实现转型与升级的重要抓手。

2. 钢结构是民生产业

钢结构建筑自重轻、强度高、塑性好，使建筑的高度和跨度得以不断突破，建筑的可利用空间更大，且抗震性能优越，有利于民生。

3. 钢结构是朝阳产业

目前，我国建筑钢结构的用钢量仅占钢产量的 4%，而发达国家这一比例已超过 30%。我国钢结构建筑在全部建筑中所占比重不到 5%，而发达国家则超过 50%。我国发展建筑钢结构产业的物质经济基础也完全具备，国家实施了"积极用钢"政策，再加上"一带一路"的实施和建筑工业化的快速发展，预计未来 30 年将是我国钢结构产业的黄金发展期。

我国的钢结构建筑与国外相比，起步较晚，一直到 20 世纪 90 年代才得到了快速发展；

尤其是 1996 年以来，钢产量突破 1 亿吨大关和国家鼓励钢结构建筑政策的引导，为钢结构建筑的发展提供了非常广阔的空间。钢结构这一新的建筑结构体系的出现和发展，无疑会对整个建筑领域带来深刻的影响，极大促进我国建筑产品结构的调整和扩展。

2016 年，中共中央、国务院《关于进一步加强城市规划建设管理工作的若干意见》指出，要大力推广装配式建筑，减少建筑垃圾和扬尘污染，缩短建造工期，提升工程质量。要求"制定装配式建筑设计、施工和验收规范。完善部品部件标准，实现建筑部品部件工厂化生产。鼓励建筑企业装配式施工，现场装配。建设国家级装配式建筑生产基地。加大政策支持力度，力争用 10 年左右时间，使装配式建筑占新建建筑的比例达到 30%"。

众所周知，钢结构天生就具有装配式的基因，即便是局部的现场焊接，也并不改变其构件工厂化制作的事实。所以，看待问题的出发点，应该着眼于构成整个建筑的部品部件的工厂预制化程度和现场安装效率，而不仅仅是钢结构，这是实现建筑工业化的根本所在。

国家现有的传统技术虽然对城乡建设快速发展贡献很大，但弊端亦十分突出：一是粗放式，钢材、水泥浪费严重；二是用水量过大；三是工地环境脏、乱、差，往往是城市可吸入颗粒物的重要污染源；四是质量通病严重，开裂渗漏问题突出；五是劳动力成本飙升，招工难、管理难、质量控制难（这一条恰恰是最本质的）。这表明传统技术已非改不可了，加上节能减排的要求，必须加快转型；而钢结构所具有的优势可以有效改善传统技术在生产和施工中所存在的问题。

在建设领域广泛应用钢结构，能有效推动绿色建筑可持续发展、促进产业结构调整、化解钢铁产能过剩，成为供给侧改革的有效载体。

综上所述，装配式建筑是一种无论从经济效益，还是从环境效益上来说都具有相当优势的现代化的建造方式。而且国家政策导向、造价、技术目前都已呈现利好态势，装配式钢结构建筑已经到了一个蓬勃式发展的转折点，未来装配式建筑将具有广阔的发展空间。

第二章　装配式钢结构建筑常用材料

第一节　结构常用材料及分类

一、结构常用材料

装配式钢结构主体结构常用材料有碳素结构钢、低合金高强度结构钢和铸钢。

1. 碳素结构钢

碳素结构钢是碳素钢的一种，可分为普通碳素结构钢和优质碳素结构钢两类。含碳量为 0.05%~0.70%，个别可高达 0.90%。

碳素结构钢是最普通的工程用钢，建筑钢结构中主要使用低碳钢（其含碳量在 0.28% 以下）。按国家标准《碳素结构钢》（GB/T 700—2006），碳素结构钢分为 4 个牌号，即 Q195、Q215、Q235、Q275。其中 Q235 钢常被一般焊接结构优先选用。

碳素结构钢的牌号由代表屈服点的字母、屈服点数值、质量等级符号、脱氧方法符号四个部分按顺序组成。

例如，Q235AF 含义分别如下：

Q——钢材屈服点中"屈"字汉语拼音首位字母；

235——屈服强度数值（MPa）；

A——质量等级 A 级，共有 A、B、C、D 四个质量等级；

F——沸腾钢中"沸"字汉语拼音首位字母。

在某些标牌中还会有 Z、TZ 等字母，其含义如下：

Z——镇静钢中"镇"字汉语拼音首位字母；

TZ——特殊镇静钢中"特镇"两字汉语拼音首位字母。

在牌号组成表示方法中，"Z"与"TZ"符号予以省略。

优质碳素结构钢因价格较贵，一般仅作为钢结构的管状杆件（无缝钢管）使用。特殊情况下的少量应用一般发生在因材料规格欠缺而导致的材料代用，属于以优代劣。

2. 低合金高强度结构钢

低合金高强度结构钢比碳素结构钢含有更多的合金元素，属于低合金钢的范畴（其所含合金总量不超过 5%）。

按国家标准《低合金高强度结构钢》（GB/T 1591—2018），热轧低合金高强度结构钢分为 4 个牌号，即 Q355、Q390、Q420、Q460。其中 Q355 最为常用，Q460 一般不用于建筑结构工程。

钢的牌号由代表屈服点"屈"字的汉语拼音首字母 Q、屈服强度数值、质量等级符号三个部分组成。

例如，Q355D 含义分别如下：

Q——钢材屈服点中"屈"字汉语拼音首位字母；

355——屈服强度数值（MPa）；

D——质量等级为 D 级，共有 B、C、D、E、F 五个质量等级。

当需方要求钢板厚度方向性能时，则在上述规定的牌号后加上代表厚度方向（Z 向）性能级别的符号，例如：Q355DZ15。

低合金高强度结构钢的强度比碳素结构钢明显提高，从而使钢结构构件的承载力、刚度、稳定性三个主要控制指标都能有充分发挥，尤其在大跨度或重负载结构中更为突出。在工程中，使用低合金高强度结构钢可比使用碳素结构钢节约 20% 的用钢量。

3. 铸钢

建筑钢结构，尤其在大跨度的情况下，有时需用铸钢件支座。按《钢结构设计标准》（GB 50017—2017）的规定，铸钢材质应符合国家标准《一般工程用铸造碳钢件》（GB/T 11352—2009）的要求，所包括的铸钢牌号有五种：ZG200-400、ZG230-450、ZG270-500、ZG310-570、ZG340-640。牌号中的前两个字母表示铸钢，后两个数字分别代表铸件的屈服强度和抗拉强度。

二、常用材料的分类

钢结构常用钢材按外形不同一般可分为钢板、型钢、钢管三大类。

1. 钢板

钢板是一种宽厚比和表面积都很大的扁平钢材，如图 2-1c 所示。按轧制方式不同可分为热轧和冷轧。按厚度不同分薄板（厚度 <4mm）、中板（厚度 4～25mm）和厚板（厚度 >25mm）三种。钢结构常用钢板一般厚度都不小于 5mm。

长度很长，成卷供应的钢板称为钢带，如图 2-1a 所示；在其表面镀锌称为镀锌钢带，如图 2-1b 所示；钢板表面镀锌的称为镀锌钢板，如图 2-1d 所示；钢板表面带花纹的称为花纹钢板，如图 2-1e 所示，在其表面镀锌的称为镀锌花纹钢板，如图 2-1f 所示。

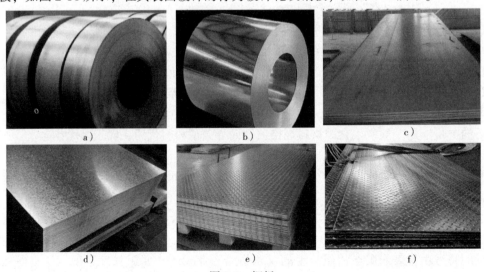

图 2-1 钢板

a) 钢带 b) 镀锌钢带 c) 钢板 d) 镀锌钢板 e) 花纹钢板 f) 镀锌花纹钢板

钢板成张供应，钢带多为成卷供应。成张钢板的规格以厚度×宽度×长度的毫米数表示。钢带的规格以厚度×长度的毫米数表示。熟悉了钢板、钢带材料的规格，可在宽度和长度上充分利用，这对提高材料的利用率、减少不适当的边角余料、除低成本有很重要的作用。

2. 型钢

型钢品种很多，是一种具有一定截面形状和尺寸的实心长条钢材，按其断面形状不同又分简单和复杂断面两种。前者包括圆钢、方钢、扁钢、六角钢和角钢；后者包括钢轨、工字钢、槽钢、窗框钢和异型钢等。直径在 6.5~9.0mm 的小圆钢称线材。钢结构常用的型钢有：H 型钢、圆钢、工字钢、角钢、槽钢、Z 型钢、C 型钢等，如图 2-2 所示。

图 2-2　型钢
a）H 型钢　b）圆钢　c）工字钢　d）角钢　e）槽钢　f）Z 型钢　g）C 型钢

3. 钢管

钢管类是一种中空截面的长条钢材。按其截面形状不同可分圆管、方形管、六角形管和各种异型截面钢管。按加工工艺不同又可分无缝钢管和焊接钢管两大类。焊接钢管由钢带卷焊而成，依据管径大小又分为直缝管和螺旋焊两种。钢结构常用的钢管有：圆管、方管、矩形管等（图2-3）。

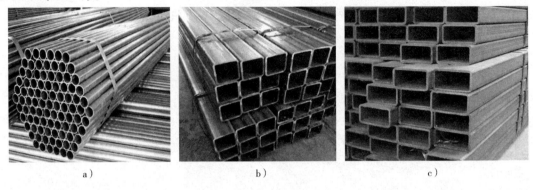

a）　　　　　　　　　　b）　　　　　　　　　　c）

图2-3　钢管

a）圆管　b）方管　c）矩形管

第二节　常用连接材料

装配式钢结构常用的连接材料主要有焊接材料、螺栓、自攻螺钉和铆钉。

一、焊接材料

焊接连接是目前钢结构最主要的连接方法，其焊接材料主要有焊条、焊丝和焊剂。

1. 焊条

（1）焊条组成　焊条是供手工电弧焊用的熔化电极，由焊芯和药皮两部分组成（图2-4）。焊条的直径不包括药皮和焊芯直径，焊条药皮与焊芯（不包括夹持端）的重量比称为药皮重量系数。

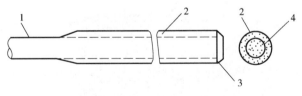

图2-4　焊条组成示意图

1—夹持端　2—药皮　3—引弧端　4—焊芯

（2）焊条型号　焊条型号可分为碳钢焊条和低合金钢焊条。碳钢焊条型号有 E43 系列（E4300～E4316）和 E50 系列（E5001～E5048）两类（图2-5）；低合金钢焊条型号有 E50 系列（E5000-X～E5027-X）和 E55 系列（E5500-X～E5548-X）。

例如，"E4315"含义：

E——焊条；

43——焊条熔敷金属和对接焊缝抗拉强度最小值，单位为 kgf/mm^2；

1——焊条适用于全位置（平、横、立、仰）焊接。"0"和"1"表示焊条适用于全位

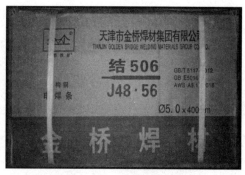

a)　　　　　　　　　　　　　　　b)

图 2-5　焊条型号

a) E43 系列焊条　b) E50 系列焊条

置焊接，"2"表示焊条适用于平焊及平角焊，"4"表示焊条适用于向下立焊；

5——焊条药皮为低氢纳型，采用直流反接焊接。

第三、第四位数字组合时表示药皮类型和使用的焊接电流种类。在第四位数字后附加"R"表示耐吸潮焊条；附加"M"表示耐吸潮和力学性能有特殊规定的焊条；附加"–1"表示冲击性能有特殊规定的焊条。

低合金钢焊条型号中的符号"X"表示熔敷金属化学分类代号，如 A_1、B_1、B_2 等，其余符号含义与碳钢焊条相同。

（3）焊条牌号　部分碳钢焊条型号对应焊条的牌号见表 2-1。

表 2-1　部分碳钢焊条型号对应焊条的牌号

焊条型号	对应焊条牌号	焊条型号	对应焊条牌号
E4300	J420G	E5001	J503
E4301	J423	E5003	J502
E4303	J422	E5011	J505
E4310	J425G	E5015	J507
E4313	J421	E5016	J506
E4315	J427	E5018	J506Fe
E4316	J426	* E5515-G	J557
E4320	J424	* E5516-G	J556
E4323	J422Fe J422Z		

注：* 为低合金钢焊条。

2. 焊丝

焊丝是一种焊接材料，适用于自动、半自动焊接，用气体、焊剂保护或自保护（图 2-6）。可用于结构焊接、堆焊等。焊丝截面有"O形""T形""E形"等各种形状。

（1）焊丝的组成　焊丝化学组成类型代号见表 2-2。

（2）焊丝型号　焊丝型号可分为碳钢焊丝和低合金钢焊丝，其型号有 ER50 系列、

a）　　　　　　　　　　　　　　b）

图 2-6　钢结构常用焊丝

a）气体保护焊丝　b）埋弧焊丝

ER55 系列、ER62 系列、ER69 系列等。

例如，"ER55-B2-Mn" 的含义：

ER——焊丝；

55——熔敷金属抗拉强度最低值，单位为 kgf/mm^2；

B2——焊丝化学成分分类代号；

Mn——焊丝中含有 Mn 元素。

表 2-2　焊丝化学组成类型代号

代号	代号含义（化学组成类型）	代号	代号含义（化学组成类型）
1	堆焊硬质合金	3	铝及铝合金
2	铜及铜合金	4	铸铁

3. 焊剂

焊剂是能够熔化金属形成熔渣（有的也产生气体），并对熔化金属起保护作用的一种颗粒状物质（图 2-7）。主要用于钢结构的埋弧焊自动焊焊接。

焊剂型号可分为碳素钢埋弧焊焊剂和低合金钢埋弧焊焊剂。

（1）碳素钢埋弧焊焊剂型号　碳素钢埋弧焊焊剂型号用 "HJ $\times_1 \times_2 \times_3$—H $\times \times \times$" 表示，符号含义：

HJ——埋弧焊用的焊剂；

$\times_1$——焊缝金属的拉伸力学性能（包括焊缝金属的抗拉强度、屈服强度和伸长率），通常用 "3" "4" "5" 表示；

$\times_2$——拉伸试样和冲击试样的状态，"0" 表示焊态，"1" 表示焊后热处理状态；

$\times_3$——焊缝金属冲击韧度值不小于 34J 时的最低试验温度；

图 2-7　烧结焊剂

H×××——焊接试件用的典型焊丝牌号，详见国家标准《熔化焊用钢丝》（GB/T 14957—1994）。

低合金钢埋弧焊焊剂的型号可用"HJ×$_1$×$_2$×$_3$×$_4$—H×××"表示，符号含义：

HJ——埋弧焊用的焊剂；

×$_1$——焊缝金属的拉伸力学性能（包括焊缝金属的抗拉强度、屈服强度和伸长率），通常用"5""6""7""8""9""10"表示；

×$_2$——拉伸试样的状态，"0"表示焊态，"1"表示焊后热处理状态；

×$_3$——焊缝金属冲击吸收功的分级代号，用"0"……"10"表示；

×$_4$——焊剂渣系代号，用"1""2"…"6"表示；

H×××——焊接试件用的典型焊丝牌号，详见国家标准《熔化焊用钢丝》（GB/T 14957—1994）。

（2）其他焊剂型号　气焊熔剂型号用"GJ×$_1$×$_2$×$_3$"表示，符号含义：

GJ——气焊焊剂；

×$_1$——气焊熔剂的用途类型；

×$_2$×$_3$——同一类型气焊熔剂的不同牌号；

烧结熔剂型号用"SJ×$_1$×$_2$×$_3$"表示，符号含义：

SJ——埋弧焊用烧结焊剂；

×$_1$——焊剂熔渣的渣系；

×$_2$×$_3$——同一渣系类型焊剂中的不同牌号焊剂，按01、02……09顺序排列。

4. 焊丝、焊剂组合型号

根据《埋弧焊用非合金钢及细晶粒钢实心焊丝、药芯焊丝和焊丝-焊剂组合分类要求》（GB/T 5293—2018），焊丝-焊剂组合型号编制方法如下：字母"F"表示焊剂；第一位数字表示焊丝-焊剂组合的熔敷金属抗拉强度的最小值；第二位字母表示试件的热处理状态，"A"表示焊态，"P"表示焊后的热处理状态；第三位数字表示熔敷金属冲击吸收功不小于27J时的最低试验温度；"-"后面的符号表示焊丝的牌号。

例如，F4A2-H08A符号含义：

F——焊剂；

4——焊丝、焊剂组合的熔敷金属抗拉强度的最小值为415MPa；

A——试件为焊态；

2——熔敷金属冲击吸收功不小于27J时的最低试验温度为20℃；

H08A——焊丝的牌号。其中"H"表示焊丝；"08"表示焊丝中平均碳含量，如含有其他化学成分，在数字后面用元素符号表示；牌号最后的字母表示硫、磷杂质含量的等级，"A"表示优质品，"E"表示高级优质品。

钢结构焊接材料在选用时应与被连接构件所采用的钢材相匹配，例如Q235钢宜选用E43型焊条，Q355宜选用E50型焊条。若两种不同的钢材连接时，可采用与低强度钢材相适应的连接材料。

二、螺栓

钢结构构件间的连接、固定和定位主要通过螺栓来紧固，它是钢结构施工现场的主要连接紧固件。螺栓一般有普通螺栓和高强螺栓之分。

1. 普通螺栓

普通螺栓提供的竖向轴力很小，在外力作用下连接板件很容易产生滑移，通常外力是通过螺栓杆的受剪和连接板孔壁的承压来传递的，钢结构常用镀锌普通螺栓（图2-8）。

普通螺栓质量按其加工制作的质量及精度公差不同可分为A、B、C三个质量等级。A级加工精度最高，C级最差。A、B级螺栓称为精制螺栓，C级称为粗制螺栓。A级螺栓适用于小规格的螺栓，直径$d \leqslant M24$，长度$L \leqslant 150mm$和$10d$；B级螺栓适用于大规格螺栓，直径$d > M24$，长度$L > 150mm$和$10d$；C级螺栓是用未经加工的圆钢制成，杆身表面粗糙，加工精度低，尺寸不准确。

2. 高强螺栓

高强螺栓连接具有受力性能好、连接强度高、抗震性能好、耐疲劳、施工简单等特点，在钢结构建筑中被广泛应用，成为钢结构建筑的主要连接件。高强螺栓按受力特点的不同可分为摩擦型连接和承压型连接两种；但目前生产商生产的高强螺栓，摩擦型和承压型只是在极限状态上取值不同，制造和构造上并没有区别。

图 2-8　镀锌普通螺栓

高强螺栓在性能等级上可分为8.8级（或8.8S）和10.9级（或10.9S）。根据螺栓构造和施工方法不同，高强螺栓可分为大六角头高强螺栓和扭剪型高强螺栓两类（图2-9）。大六角头高强螺栓连接副包含一个螺栓、一个螺母和两个垫圈；扭剪型高强螺栓连接副包含一个螺栓、一个螺母和一个垫圈。8.8级仅用于大六角头高强螺栓，10.9级既可用于扭剪型高强螺栓，也可用于大六角头高强螺栓。扭剪型高强螺栓只有10.9级一种。

高强螺栓连接的摩擦面需要通过处理以达到规范要求的抗滑移系数（使连接件摩擦面产生滑动时的外力与垂直于摩擦面的高强螺母预拉力之和的比值，是影响承载的重要因素）数值。摩擦面的处理一般是和钢构件表面处理一起进行的，只是处理过后不再进行涂装处理。摩擦面的处理方法可分为喷砂（丸）法、砂轮打磨法、钢丝刷人工除锈法（用于不重要的结构）和酸洗法。目前大型钢结构厂基本上都采用喷砂（丸）法，酸洗法因受环境的限制，基本已淘汰。

a)　　　　　　　　　　　　　　b)

图 2-9　高强螺栓

a）大六角头高强螺栓　b）扭剪型高强螺栓

3. 自攻螺钉、铆钉

（1）自攻螺钉　又称快牙螺丝，为经表面镀锌钝化的钢制快装紧固件（图2-10）。自攻螺钉多用于薄的金属板（钢板、锯板等）之间的连接。连接时，先对被连接件制出螺纹底孔，再将自攻螺钉拧入被连接件的螺纹底孔中。

（2）铆钉　铆钉是铆接结构的紧固件，常用的铆钉由铆钉头和铆钉杆组成（图2-11、图2-12）。

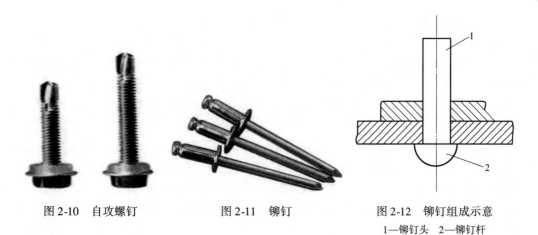

图 2-10　自攻螺钉　　　　　图 2-11　铆钉　　　　　图 2-12　铆钉组成示意

1—铆钉头　2—铆钉杆

　　铆钉需要专用设备将 2 个结合件夹紧后，将套入的环状套环（或称不带螺纹的螺帽）的金属挤压并充满到带有多条环状沟槽的栓柱的凹槽内，是使套环与栓柱严密结合的一种紧固方式。

　　铆钉枪有手动铆钉枪和气动铆钉枪（图 2-13），钢结构安装中为了安装方便常用手动铆钉枪。

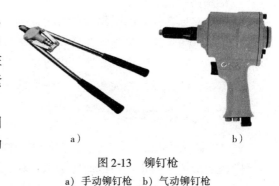

a）　　　　　　　　　　　b）

图 2-13　铆钉枪

a）手动铆钉枪　b）气动铆钉枪

第三节　表面防护材料

　　钢结构最大的缺点就是防腐和防火性能差，如果不进行防护，不仅会造成直接的经济损失，而且还会严重地影响到结构的安全和耐久性。钢结构的涂装防护是利用防腐蚀和防火涂料的涂层使被涂物与所处的环境相隔离，从而达到防腐蚀和防火的目的，并延长结构的使用寿命，因此，在钢结构规范里要求，钢结构必须进行必要的防护处理。

一、防腐涂装材料

　　防腐涂层通常分两层（底层和面层）或三层（底层、中间层、面层）进行涂装，施工时需按建设方及设计图纸要求进行涂装。

1. 钢结构防腐漆预涂底漆

　　预涂底漆用于车间加工过程中，是金属底材在进行喷砂和磷化等前期处理后、防锈底漆喷涂前的临时保护，一般保护期在 3 个月左右，最长不超过半年。喷涂厚度控制较低，膜厚控制在 20μm 以下，要求焊接烧灼宽度≤15mm，不影响切割、焊接等工序正常进行。常用的预涂底漆有丙烯酸预涂底漆和环氧预涂底漆等。

2. 钢结构防腐漆防锈底漆

防锈底漆与底材的附着力要满足要求，不同的底材要选用合适的防锈底漆，环氧类底漆防腐蚀效果较好，对不同底材的适用性较强，作为防锈底漆的使用较为广泛，能满足大部分的防腐防锈要求。常用的防锈底漆有双组分环氧底漆（磷酸锌、富锌、锌黄）、聚氨酯底漆、单组分的醇酸防锈底漆、环氧酯底漆、氯璜化底漆等作为一般防锈底漆使用也较多。

3. 钢结构防腐漆中间漆

中间漆介于底漆和面漆之间，具有较好的填充性能，能修复、改善底漆的板面，提高整体喷涂效果。中间漆一般为半光漆，光泽度在 60 度左右，利于发现底漆喷涂后的漆膜弊病，以进行面漆喷涂前的修复。同时可提高装饰性、节省面漆等，对防腐性能要求较高或装饰性要求较高的涂装都要选用中间漆进行改善、提高。常用的中间漆有双组分环氧中涂漆、环氧云铁中涂漆和聚氨酯中涂漆等。

4. 钢结构防腐漆面漆

面漆要求具有优异的耐候性能、耐使用、耐环境中介质的腐蚀性及优异的装饰性等，对颜色、光泽、耐老化、耐化学介质、抗划伤性及流平性等要求较高。对装饰性要求高的工程等的涂装，一般还要喷涂罩光漆，以改善提高外观装饰性能。常用的面漆有耐候性比较好的丙烯酸磁漆、丙烯酸聚氨酯面漆、氟碳面漆等，有时还根据装饰性要求选用罩光清漆。

二、防火涂装材料

钢结构防火保护的目的，就是在钢结构构件表面提供一层绝热或吸热的材料，隔离火焰直接燃烧钢结构，阻止热量迅速传给钢基材，推迟钢结构温度升高的时间，使之达到规范规定的耐火极限要求，以利于消防灭火和安全疏散人员，避免和减轻火灾造成的损失。

钢结构的耐火等级可划分为一、二、三、四等四个等级，耐火极限在 0.25~4h 区间内，未经防火处理的承重构件的耐火极限仅为 0.25h，施工时如果有防火要求时，需要根据设计说明的防火等级要求进行防火处理。

钢结构防火涂装材料可按胶结料种类、使用厚度和膨胀性能分别进行分类。

按胶结料种类可分为溶剂型钢结构防火涂料和水性钢结构防火涂料。溶剂型钢结构防火涂料按苯含量又可分为低含量（TVOC≤600g/L，苯≤5g/kg）苯类溶剂型钢结构防火涂料和高含量苯类溶剂型钢结构防火涂料。

按使用厚度可分为超薄型（CB）钢结构防火涂料（涂层厚度≤3mm）、薄型（B）钢结构防火涂料（3mm<涂层厚度≤7mm）和厚型（H）钢结构防火涂料（7mm<涂层厚度≤45mm）。

按涂层膨胀性能可分为膨胀型防火涂料和非膨胀型防火涂料。超薄型钢结构防火涂料和薄型钢结构防火涂料属膨胀型防火涂料，厚型钢结构防火涂料属非膨胀型防火涂料。

第三章　装配式钢结构识图基本知识

第一节　建筑视图基本知识

视图是根据人从不同的位置所看到的一个物体在投影平面上投影后所绘成的图纸。视图可分为基本视图和特殊视图两大类。

一、基本视图

在绘制工程图时，怎样才能将一个三维的空间立体表达在一个二维的平面图纸上呢？一个投影是不能反映物体的形状和大小的，故在画法几何中，须在空间设立三个互相垂直的投影面 H、V、W，如图 3-1a 所示，并求得物体在三个投影面上的投影，即水平投影、正面投影和侧面投影，简称"三面投影图"，如图 3-1b 所示。建筑物体就可用这组投影图在图纸上表达。

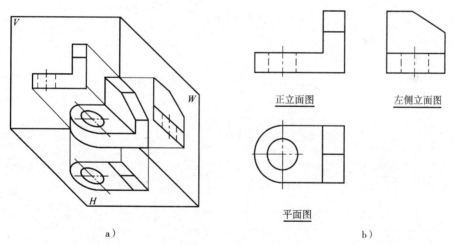

正立面图　　左侧立面图

平面图

a)　　　　　　　　　　　　　　　　b)

图 3-1　三面基本视图
a) 三个互相垂直的投影面　b) 三面投影图

工程制图中把相当于水平投影、正面投影和侧面投影的视图，分别称为俯视图（平面图）、主视图（正立面图）和左视图（左侧立面图）。即俯视图相当于观看者面对 H 面，从上向下观看物体时所得到的视图；主视图是面对 V 面从前向后观看时所得到的视图；左视图则是面对 W 面从左向右观看时所得到的视图。

一般情况下，用三面视图及尺寸标注就可以表达出建筑物体的形状、大小和结构等。但对于某些结构复杂的物体，仅用三面视图无法将它们的形状完全清晰地表达出来，还需要得到从物体下方、背后或者右侧观看时的视图，如图 3-2a 所示，此时需再增设三个分别平行于 H、V 和 W 面的新投影面 H_1、V_1 和 W_1，并在它们上面分别形成从下向上、从后向前和从右向左观看时所得到的视图，分别称为仰视图（底面图）、后视图（背立面图）和右视图（右侧立面图），此时共有六个投影面和六个视图。然后将这些视图展平在 V 面所在的平面上，便得到了图 3-2b 所示的六个视图的排列位置，每个视图下方均标注出视图的名称。一般情况下，如果视图在一张图纸内并且是按图 3-2b 所示的位置排列时，则可不必标注视图的名称；如不能按图 3-2b 配置视图时，则应标注出视图的名称，如图 3-3 所示。

对于房屋建筑物，由于图大，一般都不能全部安排在一张图纸上，因此在工程实践上均需标注出各视图的图名。例如图 3-4a 为一座房屋的轴测图（按平行投影法绘制的，工程中常用作辅助图样），从图中可以看出它的不同立面的墙面、门窗布置情况都不相同。因此要

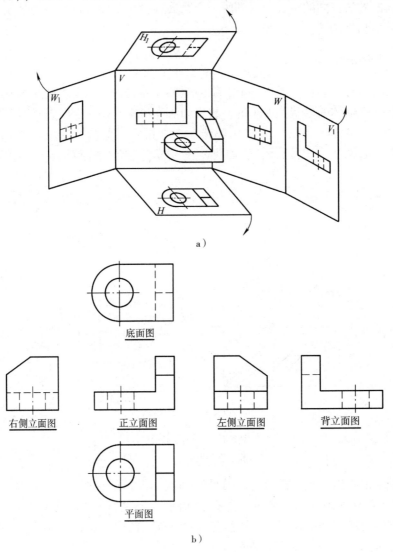

图 3-2　六面基本视图

a) 六个投影面　b) 六面投影图

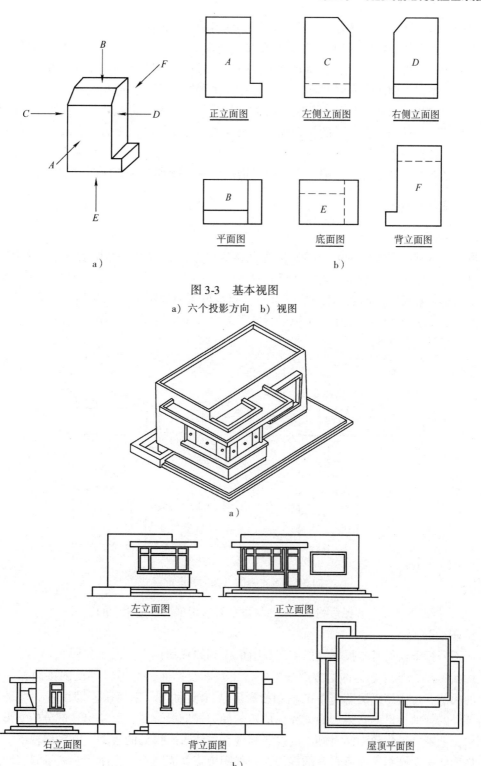

图 3-3　基本视图

a）六个投影方向　b）视图

图 3-4　房屋的轴测图与多面视图

a）房屋的轴测图　b）房屋的多面视图

完整地在图纸上表达出它的外貌，需画出四个方向的立面图和一个屋顶平面图，采用这五个视图来表达这座建筑物的外貌。图 3-4b 没有完全按图 3-2b 六面视图的展开位置排列，故应在视图下方标注视图名称。在房屋建筑工程中，有时把左右两个侧立面图位置对换，便于就近对照，即当正立面图和两侧立面图同时画在一张图纸上时，常把左侧立面图画在正立面图的左边，把右侧立面图画在正立面图的右边。若受图幅限制，房屋的各立面图不能同时画在一张图纸上时，就不存在上述的排列问题，因视图下方均标注视图名称，故不会混淆。

为了与其他视图区别，特把上述的六面视图称为基本视图，相应地称六个投影面为基本投影面。没有特殊情况时，一般应选用正立面图、平面图和左侧立面图。

二、辅助视图

1. 向视图

将物体从某一个方向投射所得到的视图称为向视图，它可自由配置视图。根据专业需要，只允许从以下两种表达方式中选择其一。

1）如果六视图不能按上述位置配置时，则也可用向视图来自由配置。即在向视图的上方用大写拉丁字母标注，并在相应原视图的附近用箭头指明投射方向，标注上与向视图相对应的拉丁字母（图 3-5）。

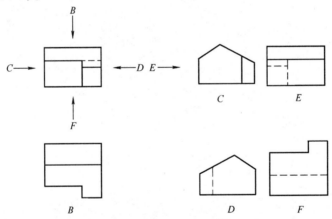

图 3-5　基本视图（按向视图配置）

2）在视图下方或上方标注图名。各视图的位置应根据需要按相应的规则来布置（图 3-6）。

2. 斜视图

向不平行于任何基本投影面的方向投射所得到的视图称为斜视图（图 3-7）。

如图 3-7a 所示，物体的右方部分不平行于基本投影面，为了得到反映该倾斜部分真实形状的视图，可应用画法几何中的辅助投影面法（换面法）来解决。即设置一个平行于该倾斜部分的辅助投影面，得到如图 A 向所示的局部辅助投影图，反映出这部分的实形。工程制图中，把辅助投影作为面对倾斜的投影面观看物体时所得到的视图，称为斜视图。

在物体上含倾斜平面所垂直的视图上，如图中正立面图上，须用箭头表示斜视图的观看方向，并用大写拉丁字母予以编号，如图中"A"字。并于斜视图下方水平方向注写"A"字。

斜视图最好布置在箭头所指的方向上，如图 3-7a 所示。有时也可紧靠该箭头所在方向

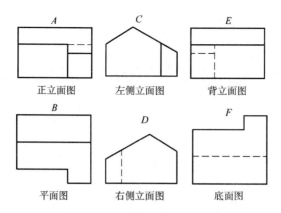

图 3-6 标准图名的基本视图

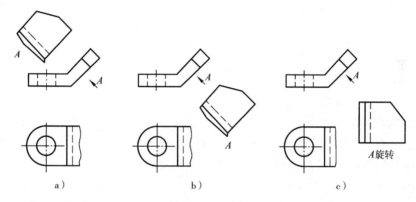

图 3-7 斜视图

的倾斜平面来布置，如图 3-7b 所示。必要时还可允许将斜视图的图形平移布置或将图形旋转成不倾斜，然后布置在合适的位置上，如图 3-7c 所示，这时标注应加"旋转"两字。

斜视图只要求表示出倾斜部分的真实形状，其余部分仍在基本视图中表达，但弯折边界线需用波浪线断开（图 3-7）。

3. 局部视图

把物体的某一部分向基本投影面投射所得的视图，称为局部视图。

局部视图同斜视图一样，要用箭头表示它的投影方向，并注上字母，如图 3-8 中所示的"B"字，在相应的局部视图上标注"B"字。

当局部视图按投影关系配置，中间又没有其他图形隔开时，可不加标注，如图 3-7 中的平面图，也是局部视图。因该平面图的观看方向和排列位置与基本视图的投影关系一致，故不必画箭头和标注字母。

局部视图的边界线以波浪线表示，如图 3-7 中所示的平面图；但当所示部分以轮廓线为界时，则不必画波浪线，如图 3-8 所示的 B 向局部视图。图 3-8 中的 A 向视图为斜视图，因所显示的部分有轮

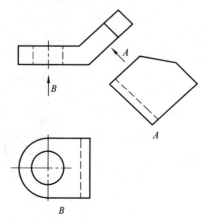

图 3-8 局部视图

廓线可作边界，故也不必画波浪线。

第二节　钢结构图纸中的标注和常用符号

一、钢材的标注

1. 钢板的标注

钢板在图纸中常采用 $\dfrac{-\ 宽度 \times 厚度}{长度}$ 的方式来表示。

例如，$\dfrac{-200 \times 18}{500}$，含义如下：

"－"——钢板；

"200"——钢板宽度为200mm；

"18"——钢板厚度为18mm；

"500"——钢板长度为500mm。

2. 常用型钢的标注

钢结构建筑中常采用的是碳素结构钢（Q235）和低合金结构钢（Q355、Q390、Q420），若采用其他牌号的钢材时，应符合相应标准的规定和要求。

常用型钢的标注方法见表3-1。

表3-1　常用型钢的标注方法

序号	型钢名称	截面形状	标注方法	说明
1	等边角钢		$b \times t$	b 为肢宽，t 为肢厚 如：L80×6 表示等边角钢肢宽为80mm，肢厚为6mm
2	不等边角钢		$B \times b \times t$	B 为长肢宽，b 为短肢宽，t 为肢厚 如：L80×60×5 表示不等边角钢肢宽为80mm和60mm，肢厚为5mm
3	工字钢		N　QN	轻型工字钢加注 Q 字，N 为工字钢的型号 如：I20a 表示截面高度为200mm的a类厚板工字钢
4	槽钢		N　QN	轻型槽钢加注 Q 字，N 为槽钢的型号 如：Q[20b 表示截面高度为200mm的b类轻型槽钢

（续）

序号	型钢名称	截面形状	标注方法	说明
5	方钢		b	b 为方钢边长 如：□50 表示边长为 50mm 的方钢
6	扁钢	b	$-b \times t$	b 表示宽度，t 表示厚度 如：－100×4 表示宽度为 100mm、厚度为 4mm 的扁钢
7	钢板		$\dfrac{-b \times t}{l}$	b 表示宽度，t 表示厚度，l 表示板长。即：$\dfrac{宽 \times 厚}{板长}$ 如：$\dfrac{-100 \times 6}{1500}$ 表示钢板的宽度为 100mm，厚度为 6mm，长度为 1500mm
8	圆钢		ϕd	d 表示圆钢的直径 如：ϕ25 表示圆钢的直径为 25mm
9	钢管		$\phi d \times t$	d 表示钢管的外径，t 为钢管的壁厚 如：ϕ89×3.0 表示钢管的外径为 89mm，壁厚为 3mm
10	薄壁方钢管		$B\ \square\ b \times t$	薄壁型钢加注 B 字 如：B□50×2 表示边长为 50mm、壁厚为 2mm 的薄壁方钢管
11	薄壁等肢角钢		$B\ \llcorner\ b \times t$	b 为肢宽，t 为壁厚 如：BL50×2 表示薄壁等边角钢肢宽为 50mm，壁厚为 2mm
12	薄壁等肢卷边角钢	a	$B\ b \times a \times t$	b 为肢宽，a 为卷边宽度，t 为壁厚 如：B□50×20×2 表示薄壁卷边等边角钢肢宽为 50mm，卷边宽度为 20mm，壁厚为 2mm
13	薄壁槽钢	b	$B\ [\ b \times a \times t$	b 为截面高度，a 为卷边宽度，t 为壁厚 如：B[50×20×2 表示薄壁槽钢截面高度为 50mm，宽度为 20mm，壁厚为 2mm
14	薄壁卷边槽钢	a	$B\ [\ h \times b \times a \times t$	h 为截面高度，b 为宽度，a 为卷边宽度，t 为壁厚 如：B[120×60×20×2 表示薄壁卷边槽钢截面高度为 120mm，宽度为 60mm，卷边宽度为 20mm，壁厚为 2mm

（续）

序号	型钢名称	截面形状	标注方法	说明
15	薄壁卷边 Z型钢		B⌐ $h \times b \times a \times t$	h 为截面高度，b 为宽度，a 为卷边宽度，t 为壁厚 如：B⌐$120 \times 60 \times 20 \times 2$ 表示薄壁卷边 Z 型钢截面高度为 120mm、宽度为 60mm，卷边宽度为 20mm，壁厚为 2mm
16	T型钢		TW$h \times b$ TM$h \times b$ TN$h \times b$	热轧 T 型钢：TW 为宽翼缘，TM 为中翼缘，TN 为窄翼缘 如：TW200×400 表示截面高度为 200mm、宽度为 400mm 的宽翼缘热轧 T 型钢
17	热轧 H 型钢		HW$h \times b$ HM$h \times b$ HN$h \times b$	热轧 H 型钢：HW 为宽翼缘，HM 为中翼缘，HN 为窄翼缘 如：HM400×300 表示截面高度为 400mm、宽度为 300mm 的中翼缘热轧 H 型钢
18	焊接 H 型钢		H$h \times b \times t_1 \times t_2$	h 表示截面高度，b 表示宽度，t_1 表示腹板厚度，t_2 表示翼板厚度 如：①H$350 \times 180 \times 6 \times 8$ 表示截面高度为 350mm、宽度为 180mm、腹板厚度为 6mm、翼板厚度为 8mm 的等截面焊接 H 型钢 ②H（$350 \sim 500$）$\times 180 \times 6 \times 8$ 表示截面高度随长度方向由 350mm 变到 500mm、翼板宽度为 180mm、腹板厚度为 6mm、翼板厚度为 8mm 的变截面焊接 H 型钢
19	起重机钢轨		⏐ QU××	×× 为起重机轨道型号
20	轻轨及钢轨		⏐ ××kg/m 钢轨	×× 为轻轨或钢轨型号

3. 压型钢板的标注

压型钢板的表示方法见表 3-2。

表 3-2　压型钢板的表示方法

名称	截面形状	表示方法	举例说明
压型钢板		YX H-S-B	YX 表示"压""型"汉语拼音的第一个字母 H 指压型钢板的波高 S 指压型钢板的波距 B 指压型钢板的有效覆盖宽度 t 指压型钢板的厚度 如：① YX130-300-600 表示压型钢板的波高为 130mm，波距为 300mm，有效覆盖宽度为 600mm，见下图 ② YX173-300-300 表示压型钢板的波高为 173mm，波距为 300mm，有效覆盖宽度为 300mm，见下图

二、构件的代号

构件在施工图中可用代号来表示，一般用构件名称的汉语拼音的第一个字母加以组合，如后面缀有阿拉伯数字则为该构件的编号，如果材料为钢材，前面可加上字母"G"。常用构件的代号见表 3-3。

表 3-3　常用构件的代号

序号	构件名称	代号	序号	构件名称	代号
1	基础	J	12	屋面框架梁	WKL
2	设备基础	SJ	13	框梁	KL
3	基础梁	JL	14	框支梁	KZL
4	预埋件	MJ	15	次梁	CL
5	框架	KJ	16	梁	L
6	刚架	GJ	17	屋面框架梁	WKL
7	屋架	WJ	18	起重机梁	DCL
8	钢柱	GZ	19	单轨起重机梁	DDL
9	抗风柱	KFZ	20	起重机梁安全走道板	ZDB
10	框架柱	KZ	21	支架	ZJ
11	屋面梁	WL	22	托架	TJ

（续）

序号	构件名称	代号	序号	构件名称	代号
23	天窗架	TCJ	39	门柱	MZ
24	连系梁	LL	40	窗柱	CZ
25	桩	ZH	41	阳台	YT
26	承台	CT	42	楼梯梁	LTL
27	地沟	DG	43	楼梯板	TB
28	梁垫	LD	44	爬梯	PT
29	隔撑	YC	45	梯	T
30	柱间支撑	ZC	46	雨篷梁	YPL
31	水平支撑	SC	47	雨篷	YP
32	垂直支撑	CC	48	屋面板	WB
33	拉条	LT	49	墙面板	QB
34	套管	TG	50	板	B
35	系杆	XG	51	盖板	GB
36	斜拉条	XLT	52	挡雨板或檐口板	YB
37	檩条	LT	53	车挡	CD
38	门梁	ML	54	天沟	TG

三、常用符号

施工图中的符号在图纸中起着举足轻重的作用，是制作加工和安装的重要依据，是初学者必须熟悉和掌握的最基本内容。

施工图中常用到的符号主要有：定位轴线、标高符号、索引和详图符号、剖切符号、对称符号、连接符号、指北针和风向玫瑰图等。

1. 定位轴线

在建筑平面图中，通常采用网格划分平面，使房屋的平面构件和配件趋于统一，这些轴线叫作定位轴线。它是确定房屋主要承重构件（墙、柱、梁）及标注尺寸的基线，是设计和施工定位放线时的重要依据。

定位轴线是采用细点画线绘制的，为了区分，还要对这些轴线编上编号，轴线编号一般标注在轴线一端的细实线的圆圈内，圆圈的直径为 8～10mm，定位轴线圆的圆心应定位在轴线的延长线或延长线的折线上（图3-9）。

平面图上的定位轴线的编号宜标在图样的下方或左侧。横向编号应用阿拉伯数字，按从左向右顺序编号，依次连续编为①②③……竖向编号应用大写英文字母，按从下向上顺序编号，依次连续编为Ⓐ Ⓑ Ⓒ……并除去 I、O、Z 三个字母（图3-9）。

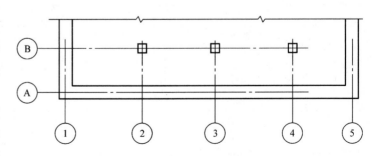

图3-9　定位轴线的编号顺序

遇到以下几种情况时定位轴线的标注方法：

1）如果出现字母数量不够使用时，可采用双字母或单字母加数字进行标注，如 AA、BA、CA……YA 或 A1、B1、C1……Y1。

2）通常承重墙及外墙等编为主轴线，如果图纸上存在有与主要承重构件（墙、柱、梁等）相联系的次要构件（非承重墙、隔墙等），它们的定位轴线一般编为附加轴线（也称分轴线），如图 3-10 所示。

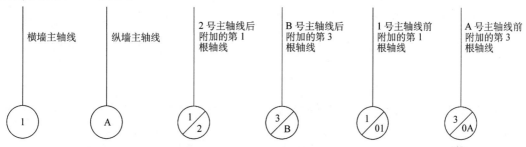

图 3-10　主轴线与附加轴线的标注

① 两根轴线之间的附加轴线应以分母表示前一根轴线的编号，分子表示附加轴线的编号，该编号宜用阿拉伯数字顺序编写，例如：

$\frac{1}{2}$ 表示 2 号轴线后附加的第一根轴线；

$\frac{2}{C}$ 表示 C 号轴线后附加的第二根轴线。

② 1 号轴线或 A 号轴线之前的附加轴线分母应以 01、0A 表示，例如：

$\frac{1}{01}$ 表示 1 号轴线前附加的第一根轴线；

$\frac{2}{0A}$ 表示 A 号轴线前附加的第二根轴线。

3）在建筑平面形状较为复杂或形状特殊时，可采用分区编号的方法，编号方式为"分区号 – 该分区编号"。分区号一般采用阿拉伯数字，分区编号横向轴线通常采用数字，纵向轴线通常采用英文字母（图 3-11）。

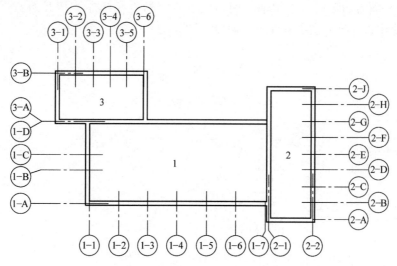

图 3-11　定位轴线分区标注方法

4）有时一个详图可以适用于几根轴线，这时需要将相同的轴线以编号注明（图3-12）。

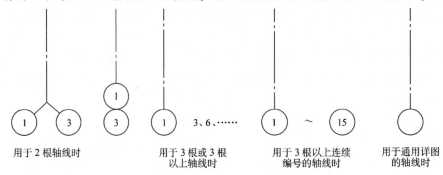

| 用于2根轴线时 | 用于3根或3根以上轴线时 | 用于3根以上连续编号的轴线时 | 用于通用详图的轴线时 |

图3-12　详图的轴线编号

5）如果平面为折线形时，定位轴线的编号也可用分区编注，也可从左往右依次编注（图3-13）。

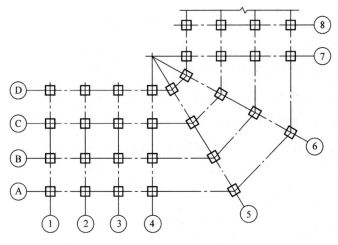

图3-13　折线形平面图的定位轴线的标注

6）如果平面为圆形时，定位轴线用阿拉伯数字沿直径从左下角开始按逆时针方向编号，圆周轴线用大写英文字母从外向里编号（图3-14）。

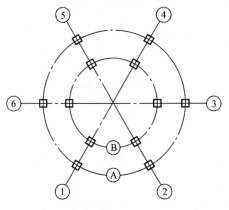

图3-14　圆形平面图的定位轴线编号

结构平面图中的定位轴线与建筑平面图或总平面图中的定位轴线应保持一致，这是需要注意的问题。

2. 标高符号

建筑物的某一部位与确定的水准基点的距离，称为该位置的标高，可分为绝对标高和相对标高两种。绝对标高是以我国青岛附近黄海的平均海平面为零点，全国各地的标高均以此为基准；相对标高是以建筑物室内底层主要地坪为零点，以此为基准的标高。零点标高用±0.000表示，比零点高的为"+"，也可不注"+"；比零点低的为"−"。在实际设计中，为了方便，习惯上常用相对标高的标注方法。

标高符号用细实线绘制的等腰三角形来表示，高度约为3mm，标高数值以"米"为单位，精确到小数点后三位（总平面图为两位），如图3-15所示。若同一位置出现多个标高时，标注方法如图3-15b所示。总平面图上的室外标高符号采用全部涂黑的等腰三角形，如图3-15c所示。

3. 索引和详图符号

施工图中经常会出现图样中的某一局部或某一构件在图中由于比例太小无法表示清楚的问题，此时就需要通过较大比例的详图来表达，为了方便看图和查找，就需要用到索引和详图符号。索引符号是由用细实线绘制的直径为10mm的圆和水平直径组成的，各部分所表示的具体含义如图3-16所示。

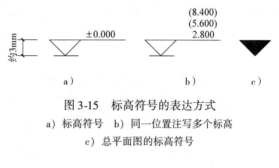

图 3-15　标高符号的表达方式

a）标高符号　b）同一位置注写多个标高

c）总平面图的标高符号

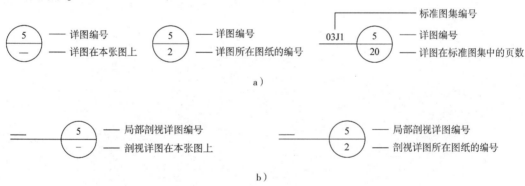

图 3-16　索引符号

a）详图索引符号　b）局部剖切索引符号

索引出的详图要注明详图符号，它要与索引符号两相对应。详图符号是用粗实线绘制的直径为14mm的圆。详图与被索引的图样在和不在同一张图纸上时，详图表示方法如图3-17所示。

图 3-17　详图符号

4. 剖切符号

剖切是通过剖切位置、编号、剖视方向和断面图例来表示的。剖切后的剖面图内容与剖切平面的剖切位置和投影的方向有关。因此，在图中必须用剖切符号指明剖切位置和投影的方向，为了便于将不同的剖面图区分开，还要对每个剖切符号进行编号，并在剖面图的下方标注与剖切位置相对应的名称（图3-18）。

1）剖切位置在图中是用剖切位置线来表示的，剖切位置线是长度为6～10mm的两段断开的粗实线。在图中不应穿视图中的图线，如图3-18c中所示的水平方向的"—"和垂直方向的"丨"。

2）投影方向在图中是用剖视方向线表示的，应垂直画在剖切位置线的两端，其长度稍短于剖切位置线，宜为4～6mm，也是用粗实线绘制的，如图3-18c中所示的水平方向的"丨"和垂直方向的"—"。

3）剖切符号的编号是用阿拉伯数字按顺序进行编排的，编号水平书写在剖视方向线的端部，如图3-18c中所示的"1"和"2"，编号所在的一侧为剖视方向。需要转折的剖切位

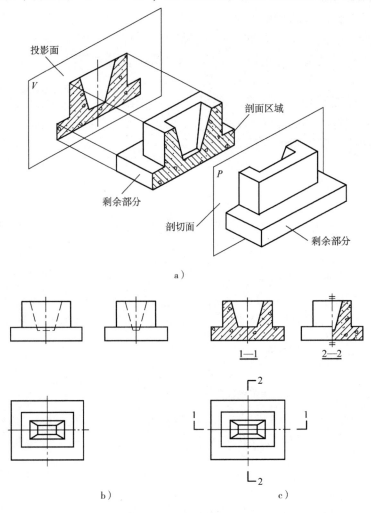

a）

b） c）

图3-18 剖面图的组成

a）剖切空间图 b）无标注剖面图 c）有标注剖面图

置线应在转角的外侧加注与该符号相同的编号，如图 3-19 中所示的 "3"。

4）剖面的名称要与剖切符号的编号相对应，并写在剖面图的正下方，符号下面加上一粗实线，如图 3-18c 中所示的 "1—1" 和 "2—2"。

如果剖切平面通过物体的对称面且剖面又画在投影方向上，中间又没有其他图形相隔时，上述的标注可以完全省略，如图 3-18b 所示。

剖切符号可分为剖视剖切符号和断面剖切符号。剖视的剖切符号应由剖切位置线、剖视方向线组成（图 3-19）。断面的剖切符号只用剖切位置线表示，编号所在的一侧为该断面的剖视方向（图 3-20）。

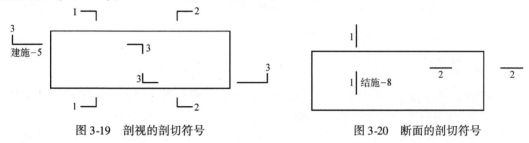

图 3-19　剖视的剖切符号　　　　　　　图 3-20　断面的剖切符号

第四章 装配式钢结构建筑的设计

第一节 建筑设计

一、一般规定

1）装配式钢结构建筑应模数协调，采用模块化、标准化设计，将结构系统、外围护系统、设备与管线系统和内装系统进行集成。

2）装配式钢结构建筑应按照集成设计原则，将建筑、结构、给水排水、暖通空调、电气、智能化和燃气等专业之间进行协同设计。

3）装配式钢结构建筑设计宜建立信息化协同平台，共享数据信息，实现建设全过程的管理和控制。

4）装配式钢结构建筑应满足建筑全寿命期的使用维护要求，宜采用管线分离的方式。

二、建筑性能

1）装配式钢结构建筑应符合国家现行标准对建筑适用性能、安全性能、环境性能、经济性能、耐久性能等综合规定。

2）装配式钢结构建筑的耐火等级应符合现行国家标准《建筑设计防火规范》（GB 50016—2014）的有关规定。

3）钢构件应根据环境条件、材质、部位、结构性能、使用要求、施工条件和维护管理条件等进行防腐蚀设计，并应符合现行行业标准《建筑钢结构防腐蚀技术规程》（JGJ/T 251—2011）的有关规定。

4）装配式钢结构建筑应根据功能部位、使用要求等进行隔声设计，在易形成声桥的部位应采用柔性连接或间接连接等措施，并应符合现行国家标准《民用建筑隔声设计规范》（GB 50118—2010）的有关规定。

5）装配式钢结构建筑的热工性能应符合现行国家标准《民用建筑热工设计规范》（GB 50176—2016）、《公共建筑节能设计标准》（GB 50189—2015）、《严寒和寒冷地区居住建筑节能设计标准》（JGJ 26—2018）、《夏热冬冷地区居住建筑节能设计标准》（JGJ 134—2010）和《夏热冬暖地区居住建筑节能设计标准》（JGJ 75—2012）的有关规定。

6）装配式钢结构建筑应满足楼盖舒适度的要求，并应按《装配式钢结构建筑技术标准》（GB/T 51232—2016）第5.2.18条执行。

三、模数协调

1）装配式钢结构建筑设计应符合现行国家标准《建筑模数协调标准》（GB/T 50002—2013）的有关规定。

2）装配式钢结构建筑的开间与柱距、进深与跨度、门窗洞口宽度等宜采用水平扩大模数数列 2nM、3nM（n 为自然数）。

3）装配式钢结构建筑的层高和门窗洞口高度等宜采用竖向扩大模数数列 nM。

4）梁、柱、墙、板等部件的截面尺寸宜采用竖向扩大模数数列 nM。

5）构造节点和部品部件的接口尺寸宜采用分模数数列 nM/2、nM/5、nM/10。

6）装配式钢结构建筑的开间、进深、层高、洞口等的优先尺寸应根据建筑类型、使用功能、部品部件生产与装配要求等确定。

7）部品部件尺寸及安装位置的公差协调应根据生产装配要求、主体结构层间变形、密封材料变形能力、材料干缩、温差变形、施工误差等确定。

四、标准化设计

1）装配式钢结构建筑应在模数协调的基础上，采用标准化设计，提高部品部件的通用性。

2）装配式钢结构建筑应采用模块及模块组合的设计方法，遵循少规格、多组合的原则。

3）公共建筑应采用楼电梯、公共卫生间、公共管井、基本单元等模块进行组合设计。

4）住宅建筑应采用楼电梯、公共管井、集成式厨房、集成式卫生间等模块进行组合设计。

5）装配式钢结构建筑的部品部件应采用标准化接口。

五、建筑平面与空间

1）装配式钢结构建筑平面与空间的设计应满足结构构件布置、立面基本元素组合及可实施性等要求。

2）装配式钢结构建筑应采用大开间大进深、空间灵活可变的结构布置方式。

3）装配式钢结构建筑平面设计应符合下列规定：

① 结构柱网布置、抗侧力构件布置、次梁布置应与功能空间布局及门窗洞口协调。

② 平面几何形状宜规则平整，并宜以连续柱跨为基础布置，柱距尺寸应按模数统一。

③ 设备管井宜与楼电梯结合，集中设置。

4）装配式钢结构建筑立面设计应符合下列规定：

① 外墙、阳台板、空调板、外窗、遮阳设施及装饰等部品部件宜进行标准化设计。

② 宜通过建筑体量、材质机理、色彩等变化，形成丰富多样的立面效果。

5）装配式钢结构建筑应根据建筑功能、主体结构、设备管线及装修等要求，确定合理的层高及净高尺寸。

第二节　集　成　设　计

一、一般规定

1）建筑的结构系统、外围护系统、设备与管线系统和内装系统均应进行集成设计，提高集成度、施工精度和效率。

2）各系统设计应统筹考虑材料性能、加工工艺、运输限制、吊装能力的要求。

3）装配式钢结构建筑的结构系统应按传力可靠、构造简单、施工方便和确保耐久性的原则进行设计。

4）装配式钢结构建筑的外围护系统宜采用轻质材料，并宜采用干式工法。

5）装配式钢结构建筑的设备与管线系统应方便检查、维修、更换，维修更换时不应影响结构安全性。

6）装配式钢结构建筑的内装系统应采用装配式装修，并宜选用具有通用性和互换性的内装部品。

二、结构系统

1）装配式钢结构建筑的结构设计应符合国家相关现行标准《工程结构可靠性设计统一标准》（GB 50153—2008）、《建筑结构荷载规范》（GB 50009—2012）、《建筑工程抗震设防分类标准》（GB 50223—2008）、《建筑抗震设计规范（附条文说明）》（GB 50011—2010）、《钢结构设计规范（附条文说明）》（GB 50017—2017）和《冷弯薄壁型钢结构技术规范》（GB 50018—2002）中的有关规定。

2）钢材牌号、质量等级及其性能要求应根据构件重要性和荷载特征、结构形式和连接方法、应力状态、工作环境以及钢材品种和板件厚度等因素确定，并应在设计文件中完整注明钢材的技术要求。钢材性能应符合现行国家标准《钢结构设计规范（附条文说明）》（GB 50017—2017）及其他有关标准的规定。有条件时，可采用耐候钢、耐火钢、高强度钢等高性能钢材。

3）装配式钢结构建筑的结构体系应符合以下规定。

① 应具有明确的计算简图和合理的传力路径。

② 具有适宜的承载能力、刚度及耗能能力。

③ 应避免因部分结构或构件的破坏而导致整个结构丧失承受重力荷载、风荷载或地震作用的能力。

④ 对薄弱部位应采取有效的加强措施。

4）装配式钢结构建筑可根据建筑功能、建筑高度以及抗震设防烈度等选择下列结构体系。

① 钢框架结构。

② 钢框架-支撑结构。

③ 钢框架-延性墙板结构。

④ 筒体结构。

⑤ 巨型结构。

⑥ 交错桁架结构。

⑦ 门式刚架结构。

⑧ 低层冷弯薄壁型钢结构。

当有可靠依据，通过相关论证，也可采用其他结构体系，包括新型构件和节点。

5）重点设防类和标准设防类多高层装配式钢结构建筑适用的最大高度应符合表 4-1 的规定。

表 4-1　多高层装配式钢结构建筑适用的最大高度　　　　（单位：m）

结构体系	6 度 (0.05g)	7 度		8 度		9 度 (0.40g)
		(0.10g)	(0.15g)	(0.20g)	(0.30g)	
钢框架结构	110	110	90	90	70	50
钢框架-支撑结构	220	220	200	180	150	120
钢框架-偏心支撑结构 钢框架-屈曲约束支撑结构 钢框架-延性墙板结构	240	240	220	200	180	160
筒体（框筒、筒中筒、桁架筒、束筒）结构 巨型结构	300	300	280	260	240	180
交错桁架结构	90	60	60	40	40	—

注：1. 房屋高度指室外地面到主要屋面板板顶的高度（不包括局部突出屋顶部分）。

2. 超过表内高度的房屋，应进行专门研究和认证，采取有效的加强措施。

3. 交错桁架结构不得用于 9 度区。

4. 柱子可采用钢柱或钢管混凝土柱。

5. 特殊设防类，6、7、8 度时宜按本地区抗震设防烈度提高一度后符合本表要求，9 度时应做专门研究。

6）多高层装配式钢结构建筑的高宽比应符合表 4-2 的规定。

表 4-2　多高层装配式钢结构建筑适用的最大高宽比

6 度	7 度	8 度	9 度
6.5	6.5	6.0	5.5

注：1. 计算高宽比的高度从室外地面算起。

2. 当塔形建筑底部有大底盘时，计算高度比的高度从大底盘顶部算起。

7）在风荷载或多遇地震标准值作用下，弹性层间位移角不宜大于 1/250（采用钢管混凝土柱时不宜大于 1/300）。装配式钢结构住宅在风荷载标准值作用下的弹性层间位移角不应大于 1/300，屋顶水平位移与建筑高度之比不宜大于 1/450。

8）高度不小于 80m 的装配式钢结构住宅以及高度不小于 150m 的其他装配式钢结构建筑应进行风振舒适度验算。在现行国家标准《建筑结构荷载规范》（GB 50009—2012）规定的 10 年一遇的风荷载标准值的作用下，结构顶点的顺风向和横风向振动最大加速度计算值不应大于表 4-3 中的限值。结构顶点的顺风向和横风向振动最大加速度，可按现行国家标准

《建筑结构荷载规范》（GB 50009—2012）的有关规定计算，也可通过风洞试验结果确定。计算时钢结构阻尼比宜取 0.01~0.015。

表 4-3　结构顶点的顺风向和横风向风振加速度限值

使用功能	a_{lim}
住宅、公寓	$0.20\mathrm{m/s^2}$
办公、旅馆	$0.28\mathrm{m/s^2}$

9）多高层装配式钢结构建筑的稳定性应符合《装配式钢结构建筑技术标准》（GB/T 51232—2016）的规定。

10）门式刚架结构的设计、制作、安装和验收应符合现行国家标准《门式刚架轻型房屋钢结构技术规范》（GB 51022—2015）的规定。

11）冷弯薄壁钢结构的设计、制作、安装和验收应符合现行行业标准《低层冷弯薄壁型钢房屋建筑技术规程》（JGJ 227—2011）的规定。

12）钢框架结构设计应符合下列规定：

① 钢框架结构设计应符合国家现行有关标准的规定，高层装配式钢结构建筑还应符合现行行业标准《高层民用建筑钢结构技术规程》（JGJ 99—2015）的规定。

② 梁柱连接可采用带悬臂梁段、梁缘焊接腹板栓接或全焊接连接形式；抗震等级一、二级时，梁与柱的连接宜采用加强型连接；当有可靠依据时，也可采用端板螺栓连接的形式。

③ 钢柱的拼接可采用焊接或螺栓连接的形式。

④ 在可能出现塑性铰处，梁的上下翼缘均应设侧向支撑，当钢梁上铺设装配整体式或整体式楼板且进行可靠连接时，上翼缘可不设侧向支撑。

⑤ 框架柱截面可采用异型组合截面，其设计要求应符合国家现行标准的规定。

13）钢框架-支撑结构设计应符合下列规定：

① 钢框架-支撑结构设计应符合国家现行标准的有关规定，高层装配式钢结构建筑的设计还应符合现行行业标准《高层民用建筑钢结构技术规程》（JGJ 99—2015）的规定。

② 高层民用建筑钢结构的中心支撑宜采用十字交叉斜杆、单斜杆、人字形斜杆或 V 形斜杆体系，不得采用 K 形斜杆体系，中心支撑斜杆的轴线应交汇于框架柱的轴线上。

③ 偏心支撑框架中的支撑斜杆应至少有一端与梁连接，并在支撑与梁交点和柱之间，或支撑同一跨内的另一支撑与梁交点之间形成消能梁段。

④ 抗震等级为四级时，支撑可采用拉杆设计，其长细比不应大于 180，拉杆设计的支撑应同时设不同倾斜方向的两组单斜杆，且每层不同倾斜方向单斜杆的截面面积在水平方向的投影面积之差不得大于 10%。

⑤ 当支撑翼缘朝向框架平面外，且采用支托式连接时，其平面外计算长度可取轴线长度的 0.7 倍；当支撑腹板位于框架平面内时，其平面处计算长度可取轴线长度的 0.9 倍。

⑥ 当支撑采用节点板进行连接时，在支撑端部与节点板约束点连线之间应留有 2 倍节点板厚的间隙，节点板约束点连线与支撑杆轴线垂直，且应进行下列验算：a. 支撑与节点板间的连接强度验算；b. 节点板自身的强度和稳定性验算；c. 连接板与梁柱间焊缝的强度验算。

14）对于装配式钢结构建筑，当消能梁段与支撑连接的下翼缘处无法设置侧向支撑时，应采取其他可靠措施保证连接处能够承受不小于梁段下翼缘轴向极限承载力 6% 的侧向集中力。

15）钢框架-延性墙板结构的设计应符合下列规定：

① 钢板剪力墙和钢板组合剪力墙设计应符合现行行业标准《高层民用建筑钢结构技术规程》（JGJ 99—2015）和《钢板剪力墙技术规程》（JGJ/T 380—2015）的规定。

② 内嵌竖缝混凝土剪力墙设计应符合现行行业标准《高层民用建筑钢结构技术规程》（JGJ 99—2015）的规定。

③ 当采用钢板剪力墙时，应计入竖向荷载对钢板剪力墙性能的不利影响。当采用竖缝钢板剪力墙且房屋层数不超过 18 层时，可不计入竖向荷载对竖缝钢板剪力墙性能的不利影响。

16）交错桁架结构的设计应符合下列规定：

① 交错桁架钢结构的设计应符合现行行业标准《交错桁架钢结构设计规程》（JGJ/T 329—2015）的规定。

② 当横向框架为奇数榀时，应控制层间刚度比；当横向框架设置为偶数时，应控制水平荷载作用下的偏心影响。

③ 桁架可采用混合桁架和空腹桁架两种形式，设置走廊处可不设斜杆。

④ 当底层局部无落地桁架时，应在底层对应轴线及相邻两侧横向支撑，横向支撑不宜承受竖向荷载。

⑤ 交错桁架的纵向可采用钢框架结构、钢框架-支撑结构、钢框架-延性墙板结构或其他可靠的结构形式。

17）装配式钢结构建筑构件之间的连接设计应符合下列规定：

① 抗震设计时，连接设计应符合构造要求，并应按弹塑性设计，连接的极限承载力应大于构件的全塑性承载力。

② 装配式钢结构建筑构件的连接宜采用螺栓连接，也可采用焊接。

③ 有可靠依据时，梁柱可采用全螺栓的半刚性连接，此时结构计算应计入节点转动对刚度的影响。

18）装配式钢结构建筑的楼板应符合下列规定：

① 楼板可选用工业化程度高的压型钢板组合楼板、钢筋桁架楼承板组合楼板、预制混凝土叠合楼板及预制预应力空心楼板等。

② 楼板应与主体结构可靠连接，保证楼盖的整体牢固性。

③ 抗震设防烈度为 6、7 度且房屋高度不超过 50m 时，可采用装配式楼板（全预制楼板）或其他轻型楼盖，但应采取下列措施之一保证楼板的整体性：a. 设置水平支撑；b. 采取有效措施保证预制板之间的可靠性连接。

④ 装配式钢结构建筑可采用装配式整体式楼板，但应适当降低表 4-1 中的最大高度。

⑤ 楼盖舒适度应符合现行行业标准《高层民用建筑钢结构技术规程》（JGJ 99—2015）的规定。

19）装配式钢结构建筑的楼梯应符合下列规定：

① 宜采用装配式混凝土楼梯或钢楼梯。

② 楼梯与主体结构宜采用不传递水平作用的连接形式。

20）地下室和基础应符合下列规定：

① 当建筑高度超过 50m 时，宜设置地下室；当采用天然地基时，其基础埋置深度不宜小于房屋总高度的 1/15；当采用桩基时，桩承台埋深不宜小于房屋总高度的 1/20。

② 设置地下室时，竖向连续布置的支撑、延性墙板等抗侧力构件应延伸至基础。

③ 当地下室不少于两层，且嵌固端在地下室顶板时，延伸至地下室底板的钢柱脚可采用铰接或刚接。

21）当抗震烈度为 8 度以上时，装配式钢结构建筑可采用隔震或消能减震结构，并应按国家现行标准《建筑消能减震技术规程》（JGJ 297—2013）的规定执行。

22）钢结构应进行防火和防腐设计，并应按国家现行标准《建筑设计防火规范》（GB 50016—2014）及《建筑钢结构防腐蚀技术规程》（JGJ/T 251—2011）的规定执行。

三、外围护系统

1）装配式钢结构建筑应合理确定外围护系统的设计使用年限，住宅建筑的外围护系统的设计使用年限应与主体结构相协调。

2）外围护系统的立面设计应综合装配式钢结构建筑的构成条件、装饰颜色与材料质感等设计要求。

3）外围护系统的设计应符合模数协调和标准化要求，并应满足建筑立面效果、制作工艺、运输及施工安装的条件。

4）外围护系统设计应包括下列内容：

① 外围护系统的性能要求。

② 外墙板及屋面板的模数协调要求。

③ 屋面结构支承构造节点。

④ 外墙板连接、接缝及外门窗洞口等构造节点。

⑤ 阳台、空调板、装饰件等连接构造节点。

5）外围护系统应根据建筑所在地区的气候条件、使用功能等综合确定抗风性能、抗震性能、耐撞击性能、防火性能、水密性能、气密性能、隔声性能、热工性能和耐久性能等要求，屋面系统还应满足结构性能要求。

6）外围护系统选型应根据不同的建筑类型及结构形式而定；外墙系统与结构系统的连接形式可采用内嵌式、外挂式、嵌挂结合式等，并宜分层悬挂或承托；并可选用预制外墙、现场组装骨架外墙、建筑幕墙等类型。

7）在 50 年重现期的风荷载或多遇地震作用下，外墙板不得因主体结构的弹性层间位移而发生塑性变形、板面开裂、零件脱落等损坏；当主体结构的层间位移角达到 1/100 时，外墙板不得掉落。

8）外墙板与主体结构的连接应符合下列规定：

① 连接节点在保证主体结构整体受力的前提下，应牢固可靠、受力明确、传力简捷、构造合理。

② 连接节点应具有足够的承载力。承载能力极限状态下，连接节点不应发生破坏；当单个连接节点失效时，外墙板不应掉落。

③ 连接部位应采用柔性连接方式，连接节点应具有适应主体结构变形的能力。

④ 节点设计应便于工厂加工、现场安装就位和调整。

⑤ 连接件的耐久性应满足设计使用年限的要求。

9）外墙板接缝应符合下列规定：

① 接缝处应根据当地气候条件合理选用构造防水、材料防水相结合的防排水措施。

② 接缝宽度及接缝材料应根据外墙板材料、立面分格、结构层间位移、温度变形等综合因素确定；所选用的接缝材料及构造应满足防水、防渗、抗裂、耐久等要求；接缝材料应与外墙板具有相容性；外墙板在正常使用状况下，接缝处的弹性密封材料不应破坏。

③ 与主体结构的连接处应设置防止形成热桥的构造措施。

10）外围护系统中的外门窗应符合下列规定：

① 应采用在工厂生产的标准化系列部品，并应采用带有批水板的外门窗配套系列部品。

② 外门窗应与墙体可靠连接，门窗洞口与外门窗框接缝处的气密性能、水密性能和保温性能不应低于外门窗的相关性能。

③ 预制外墙中的外门窗宜采用企口或预埋件等方法固定，外门窗可采用预装法或后装法施工；采用预装法时，外门窗框应在工厂与预制外墙整体成型；采用后装法时，预制外墙的门窗洞口应设置预埋件。

④ 铝合金门窗的设计应符合现行行业标准《铝合金门窗工程技术规范》（JGJ 214—2010）的规定。

⑤ 塑料门窗的设计应符合现行行业标准《塑料门窗工程技术规程》（JGJ 103—2008）的规定。

11）预制外墙应符合下列规定：

① 预制外墙用材料应符合下列规定：a. 预制混凝土外墙板用材料应符合现行行业标准《装配式混凝土结构技术规程》（JGJ 1—2014）的规定；b. 拼装大板用材料包括龙骨、基板、面板、保温材料、密封材料、连接固定材料等，各类材料应符合国家现行有关标准的规定；c. 整体预制条板和复合夹芯条板应符合国家现行相关标准的规定。

② 露明的金属支撑件及外墙板内侧与主体结构的调整间隙，应采用燃烧性能等级为 A 级的材料进行封堵，封堵构造的耐火极限不得低于墙体的耐火极限，封堵材料在耐火极限内不得开裂、脱落。

③ 防火性能应按非承重外墙的要求执行，当夹芯保温材料的燃烧性能等级为 B1 或 B2 级时，内、外叶墙板应采用不燃材料且厚度均不应小于 50mm。

④ 块材饰面应采用耐久性好、不易污染的材料；当采用面砖时，应采用反打工艺在工厂内完成，面砖应选择背面设有粘结后防止脱落措施的材料。

⑤ 预制外墙板接缝应符合下列规定：a. 接缝位置宜与建筑立面分格相对应；b. 竖缝宜采用平口或槽口构造，水平缝宜采用企口构造；c. 当板缝空腔需设置导水管排水时，板缝内侧应增设密封构造；d. 避免接缝跨越防火分区；当接缝跨越防火分区时，接缝室内侧应采用耐火材料封堵。

⑥ 蒸压加气混凝土外墙板的性能、连接构造、板缝构造、内外面层做法等应符合现行行业标准《蒸压加气混凝土制品应用技术标准》（JGJ/T 17—2020）的有关规定，并符合下列规定：

a. 可采用拼装大板、横条板、竖条板的构造形式。

b. 当外围护系统需同时满足保温、隔热要求时，板厚应满足保温或隔热要求的较大值。

c. 可根据技术条件选择钩头螺栓法、滑动螺栓法、内置锚法、摇摆型工法等安装方式。

d. 外墙室外侧板面及有防潮要求的外墙室内侧板面应用专用防水界面剂进行封闭处理。

12）现场组装骨架外墙应符合下列规定：

① 骨架应具有足够的承载力、刚度和稳定性，并应与主体结构可靠连接；骨架应进行整体及连接节点验算。

② 墙内敷设电气线路时，应对其进行穿管保护。

③ 宜根据基层墙板特点及形式进行墙面整体防水。

④ 金属骨架组合外墙应符合下列规定：a. 金属骨架应设置有效的防腐蚀措施；b. 骨架外部、中部和内部可分别设置防护层、隔离层、保温隔汽层和内饰层，并根据使用条件设置防水透气材料、空气间层、反射材料、结构蒙皮材料和隔汽材料等。

⑤ 骨架组合墙体应符合下列规定：a. 材料种类、连接构造、板缝构造、内外面层做法等应符合现行国家标准《木骨架组合墙体技术标准》（GB/T 50361—2018）的规定；b. 木骨架组合外墙与主体结构之间应采用金属连接件进行连接；c. 内侧墙面材料宜采用普通型、耐火型或防潮型纸面石膏板，外侧墙面材料宜采用防潮型纸面石膏板或水泥纤维板材等材料；d. 保温隔热材料宜采用岩棉或玻璃棉等；e. 隔声吸声材料宜采用岩棉、玻璃棉或石膏板材等；f. 填充材料的燃烧性能等级应为 A 级。

13）建筑幕墙应符合下列规定：

① 应根据建筑物的使用要求和建筑造型合理选择幕墙形式，宜采用单元式幕墙系统。

② 应根据不同的面板材料，选择相应的幕墙结构、配套材料和构造方式等。

③ 应具有适应主体结构层间变形的能力；主体结构中连接幕墙的预埋件、锚固件应能承受幕墙传递的荷载和作用，连接件与主体结构的锚固极限承载力应大于连接件本身的全塑性承载力。

④ 玻璃幕墙的设计应符合现行行业标准《玻璃幕墙工程技术规范》（JGJ 102—2003）的规定。

⑤ 金属与石材幕墙的设计应符合现行行业标准《金属与石材幕墙工程技术规范（附条文说明）》（JGJ 133—2001）的规定。

⑥ 人造板材幕墙的设计应符合现行行业标准《人造板材幕墙工程技术规范》（JGJ 336—2016）的规定。

14）建筑屋面应符合下列规定：

① 应根据现行国家标准《屋面工程技术规范》（GB 50345—2012）中规定的屋面防水等级进行防水设防，并应具有良好的排水功能，宜设置有组织排水系统。

② 太阳能系统应与屋面进行一体化设计，电气性能应满足现行国家标准《民用建筑太阳能热水系统应用技术标准》（GB 50364—2018）和《民用建筑太阳能光伏系统应用技术规范》JGJ 203 的规定。

③ 采光顶与金属屋面的设计应符合现行行业标准《采光顶与金属屋面技术规程》（JGJ 255—2012）的规定。

四、设备与管线系统

1）装配式钢结构建筑的设备与管线设计应符合下列规定：

① 装配式钢结构建筑的设备与管线宜采用集成化技术和标准化设计，当采用集成化新技术、新产品时应有可靠依据。

② 各类设备与管线应综合设计，减少平面交叉，合理利用空间。

③ 设备与管线应合理选型、准确定位。

④ 设备与管线宜在架空层或吊顶内设置。

⑤ 设备与管线安装应满足结构专业相关要求，不应在预制构件安装后剔凿沟槽、开孔、开洞等。

⑥ 公共管线、阀门、检修配件、计量仪表、电表箱、配电箱、智能化配线箱等应设置在公共区域。

⑦ 设备与管线穿越楼板和墙体时，应采取防水、防火、隔声、密封等措施，防火封堵应符合现行国家标准《建筑设计防火规范》（GB 50016—2014）的规定。

⑧ 设备与管线的抗震设计应符合现行国家标准《建筑机电工程抗震设计规范》（GB 50981—2014）的有关规定。

2）给水排水设计应符合下列规定：

① 冲厕宜采用非传统水源，水质应符合现行国家标准《城市污水再生利用 城市杂用水水质》（GB/T 18920—2020）的规定。

② 集成式厨房、卫生间应预留相应的给水、热水、排水管道接口，给水系统配水管道接口的形式和位置应便于检修。

③ 给水分水器与用水器具的管道应一对一连接，管道中间不得有连接配件；宜采用装配式的管线及其配件连接；给水分水器位置应便于检修。

④ 敷设在吊顶或楼地面架空层内的给水排水设备管线应采取防腐蚀、隔声减噪和防结露等措施。

⑤ 当建筑配置太阳能热水系统时，集热器、储水罐等的布置应与主体结构、外围护系统、内装系统相协调，做好预留预埋。

⑥ 排水管道宜采用同层排水技术。

⑦ 应选用耐腐蚀、使用寿命长、降噪性能好、便于安装及更换、连接可靠、密封性能好的管材、管件以及阀门设备。

3）建筑供暖、通风、空调及燃气设计应符合下列规定：

① 室内供暖系统采用低温地板辐射供暖时，宜采用干法施工。

② 室内供暖系统采用散热器供暖时，安装散热器的墙板构件应采取加强措施。

③ 采用集成式卫生间或采用同层排水架空地板时，不宜采用地板辐射供暖系统。

④ 冷热水管道固定于梁柱等钢构件上时，应采用绝热支架。

⑤ 供暖、通风、空气调节及防排烟系统的设备及管道系统宜结合建筑方案整体设计，并预留接口位置；设备基础和构件应连接牢固，并按设备技术文件的要求预留地脚螺栓孔洞。

⑥ 供暖、通风和空气调节设备均应选用节能型产品。

⑦ 燃气系统管线设计应符合现行国家标准《城镇燃气设计规范》（GB 50028—2006）

的规定。

4）电气和智能化设计应符合下列规定：

① 电气和智能化的设备与管线宜采用管线分离的方式。

② 电气和智能化系统的竖向主干线应在公共区域的电气竖井内设置。

③ 当大型灯具、桥架、母线、配电设备等安装在预制构件上时，应采用预留预埋件固定。

④ 设置在预制部（构）件上的出线口、接线盒等的孔洞均应准确定位。隔墙两侧的电气和智能化设备不应直接连通设置。

⑤ 防雷引下线和共用接地装置应充分利用钢结构自身作为防雷接地装置。构件连接部位应有永久性明显标记，其预留防雷装置的端头应可靠连接。

⑥ 钢结构基础应作为自然接地体，当接地电阻不满足要求时，应设人工接地体。

⑦ 接地端子应与建筑物本身的钢结构金属物连接。

五、内装系统

1）内装部品设计与选型应符合国家现行有关抗震、防火、防水、防潮和隔声等标准的规定，并满足生产、运输和安装等要求。

2）内装部品的设计与选型应满足绿色环保的要求，室内污染物限制应符合现行国家标准《民用建筑工程室内环境污染控制标准》（GB 50325—2020）的有关规定。

3）内装系统设计应满足内装部品的连接、检修更换、物权归属和设备及管线使用年限的要求，内装系统设计宜采用管线分离的方式。

4）梁柱包覆应与防火防腐构造结合，实现防火防腐包覆与内装系统的一体化，并应符合下列规定：

① 内装部品安装不应破坏防火构造。

② 宜采用防腐防火复合涂料。

③ 使用膨胀型防火涂料应预留膨胀空间。

④ 设备与管线穿越防火保护层时，应按钢构件原耐火极限进行有效封堵。

5）隔墙设计应采用装配式部品，并应符合下列规定：

① 可选龙骨类、轻质水泥基板类或轻质复合板类隔墙。

② 龙骨类隔墙宜在空腔内敷设管线及接线盒等。

③ 当隔墙上需要固定电器、橱柜、洁具等较重设备或其他物品时，应采取加强措施，其承载力应满足相关要求。

6）外墙内表面及分户墙表面宜采用满足干式工法施工要求的部品，墙面宜设置空腔层，并应与室内设备管线进行集成设计。

7）吊顶设计宜采用装配式部品，并应符合下列规定：

① 当采用压型钢板组合楼板或钢筋桁架楼承板组合楼板时，应设置吊顶。

② 当采用开口型压型钢板组合楼板或带肋混凝土楼盖时，宜利用楼板底部肋侧空间进行管线布置，并设置吊顶。

③ 厨房、卫生间的吊顶在管线集中部位应设有检修口。

8）装配式楼地面设计宜采用装配式部品，并应符合下列规定：

① 架空地板系统的架空层内宜敷设给水排水和供暖等管道。

② 架空地板高度应根据管线的管径、长度、坡度以及管线交叉情况进行计算，并宜采取减振措施。

③ 当楼地面系统架空层内敷设管线时，应设置检修口。

9）集成式厨房应符合下列规定：

① 应满足厨房设备设施点位预留的要求。

② 给水排水、燃气管道等应集中设置、合理定位，并应设置管道检修口。

③ 宜采用排油烟管道同层直排的方式。

10）集成式卫生间应符合下列规定：

① 宜采用干湿区分离的布置方式，并应满足设备设施点位预留的要求。

② 应满足同层排水的要求，给水排水、通风和电气等管线的连接均应在设计预留的空间内安装完成，并应设置检修口。

③ 当采用防水底盘时，防水底盘与墙板之间应有可靠连接设计。

11）住宅建筑宜选用标准化系列化的整体收纳。

12）装配式钢结构建筑内装系统设计宜采用建筑信息模型（BIM）技术，与结构系统、外围护系统、设备与管线系统进行一体化设计，预留洞口、预埋件、连接件、接口设计应准确到位。

13）部品接口设计应符合部品与管线之间、部品之间连接的通用性要求，并应符合下列规定：

① 接口应做到位置固定、连接合理、拆装方便及使用可靠。

② 各类接口尺寸应符合公差协调要求。

14）装配式钢结构建筑的部品与钢构件的连接和接缝宜采用柔性设计，其缝隙变形能力应与结构弹性阶段的层间位移角相适应。

第五章　装配式钢结构建筑部品构件的
生产与运输

第一节　生产常用操作设备

装配式钢结构建筑部品构件的生产常用操作设备有各种切割剪板设备、钻孔设备、边缘加工设备、球及杆件加工设备、折弯机、组焊矫设备、电渣焊机、电焊机、抛丸机、喷涂机、压瓦机、C 型和 Z 型钢机等。对于螺栓球钢网架结构还会用到铣床、攻丝机等机加工设备。

一、切割剪板设备

钢结构切割设备常用的有自动切割机、半自动切割机、砂轮切割机、割炬、剪板机和机械切割机等。下料时，根据钢材截面形状、厚度以及切割边缘质量要求不同采用不同的切割设备。

1. 自动、半自动切割机

自动、半自动切割机（图 5-1）可以切割机械切割难以达到的形状和厚度，主要利用燃烧的气体产生的火焰进行切割，气体可分为氧气-乙炔、氧气-丙烷、C_3 混合气等。钢结构常用的自动切割机有数控火焰切割机和等离子切割机。

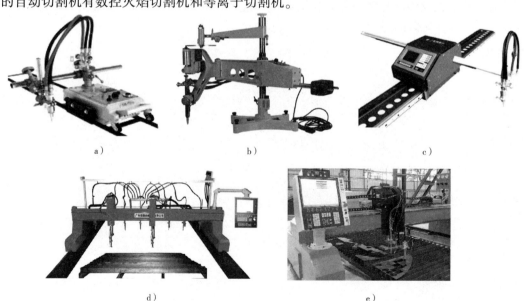

a）　　　　　　　　　b）　　　　　　　　　c）

d）　　　　　　　　　　　　　　e）

图 5-1　自动、半自动切割机
a）半自动切割机　b）仿形半自动切割机　c）便携式数控切割机
d）龙门式数控火焰切割机　e）龙门式数控等离子切割机

（1）数控火焰切割机　钢结构钢板下料常用龙门式数控火焰切割机，主要利用燃烧的气体产生的火焰对各种钢板进行直线、曲线切割，如图5-1b所示。

（2）数控等离子切割机　数控等离子切割机主要用于不锈钢材料及有色金属的切割，如图5-1c所示。配合不同的工作气体可以切割各种氧气切割难以切割的金属，尤其是对于有色金属（不锈钢、碳钢、铝、铜、钛、镍）切割效果更佳。其主要优点在于切割厚度不大的金属的时候，等离子切割速度快，尤其是在切割普通碳素钢薄板时，速度可达氧切割法的5~6倍，切割面光洁，热变形小，几乎没有热影响区。

2. 砂轮切割机

砂轮切割机是可对金属方扁管、方扁钢、工字钢、槽钢、圆钢、钢管等材料进行切割的常用设备（图5-2）。

3. 割炬

割炬是气割工件的主要工具，可用于钢部件构件的手动切割（图5-3）。现在应用广泛的是氧-乙炔割炬。

图5-2　砂轮切割机　　　　　　　　　　　　图5-3　割炬

4. 锯床

锯床是可以对各种钢材进行连续锯割的下料设备（图5-4）。

5. 剪板机

钢板厚度小于12mm的直线性切割常采用剪板机。剪板机是用一个刀片相对另一刀片作往复直线运动。剪板机的种类比较多，可根据需要选用适合企业生产的剪板机，图5-5为数控剪板机。

图5-4　锯床　　　　　　　　　　　　　　图5-5　数控剪板机

6. 冲裁机

对成批生产的构件或定型产品，可用冲裁下料，可提高生产效率和产品质量（图 5-6）。冲裁时，材料置于凸凹模之间，在外力的作用上，凸凹模产生一对剪切力（剪切线通常是封闭的），材料在剪切力作用下被分离。

二、钻孔设备

（1）摇臂钻床　摇臂钻床（图 5-7）广泛应用于单件和中小批生产中，加工体积和质量较大的工件的孔。

（2）冲孔机　冲孔机（图 5-8）可以用于薄板、角铁、扁铁、铜板等金属板材打孔。对一些孔要求精度不高的薄板零件可采用冲孔方法。

（3）磁力钻　磁力钻（图 5-9）在钢结构加工中常用于悬空作业及台钻不方便加工位置的钻孔。

图 5-6　冲裁机

图 5-7　摇臂钻床　　　　图 5-8　冲孔机　　　　图 5-9　磁力钻

（4）数控平面钻床　数控平面钻床（图 5-10）是按设备使用说明的要求编好程序，然后通过设备的控制系统对钢板平面进行打孔。与其他钻孔设备相比，数控平面钻制孔具有速度快、精度高等优点。

（5）数控三维钻床　数控三维钻床（图 5-11）是按设备说明要求编好程序，然后通过设备的控制系统对部件或构件两个以上平面进行钻孔。常用于钢结构中 H 型钢、槽钢的不同方向位置的钻孔，具有精度高、速度快、操作方便等特点。

图 5-10　数控平面钻床

三、边缘加工设备

（1）手铲、手锤、铲锤　对加工质量要求不高并且工作量不大的边缘加工，可采用铲边的方法。铲边常用手锤、手铲和铲锤。气动铲锤如图5-12所示。

（2）刨边机　刨边机（图5-13）用于对焊接板材切割面毛刺的预处理，对焊接板材预处理前板材长度及宽度大小不一的修正以及对板材或型材焊接焊口的加工。

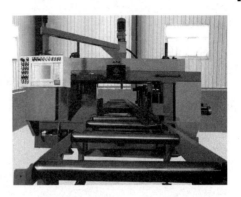

图5-11　数控三维钻床

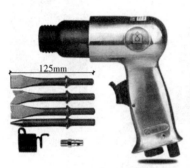

图5-12　气动铲锤

图5-13　刨边机

（3）端面铣　因设计要求，钢结构生产对有些构件的端部边缘进行铣边。常用的铣边设备有端面铣（图5-14）。

（4）切割机　钢结构生产中，常用手工气割和半自动、自动切割机进行坡口切割。

（5）碳弧气刨　在钢结构焊接生产中，主要用碳弧气刨（图5-15）来刨槽、消除焊缝缺陷和背面清根，以保证焊缝的焊接质量。

图5-14　数控端面铣

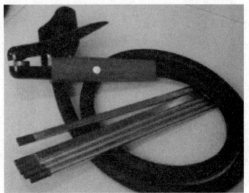

图5-15　碳弧气刨

四、球加工设备

球加工设备除了钻床，常用到铣床和攻丝机。铣床主要对球连接面进行铣平处理。攻丝机是对球连接孔进行攻丝，一个球上开多个有内丝的孔，用来连接多个杆件于一点。

五、折弯机

折弯机（图 5-16）是一种能够对薄板进行折弯的机器，分为手动折弯机、液压折弯机和数控折弯机。

六、组焊矫设备

（1）组立机　钢结构用到的组立机（图 5-17）主要用于焊接 H 型钢和箱型构件的组装。

a)　　　　　　　　　　　　b)

图 5-16　折弯机

图 5-17　组立机

a）H 型钢组立机　b）箱型组立机

（2）埋弧焊机　埋弧焊机主要用于钢结构 H 型钢的主焊缝的焊接，钢结构常用龙门式埋弧焊机（图 5-18）。

（3）矫正机　矫正机主要用于钢结构组焊 H 型钢的翼板平面度的矫正（图 5-19）。

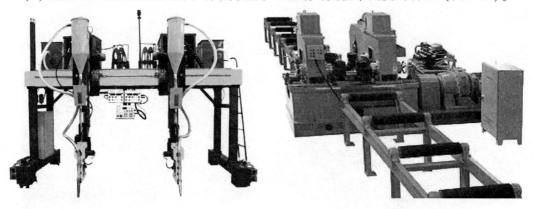

图 5-18　龙门式埋弧焊机

图 5-19　H 型钢矫正机

（4）组焊矫一体机　组焊矫一体机是对 H 型钢集组立、焊接、矫正为一体的设备，具有省力高效的特点（图 5-20）。

（5）电渣焊机　电渣焊机（图 5-21）主要用于钢结构中箱型柱内隔板的焊接。

图 5-20 组焊矫一体机

a)　　　　　　　　　　　　b)

图 5-21 熔嘴电渣焊机

a) 小车式熔嘴电渣焊机 b) 门式熔嘴电渣焊机

七、电焊机

电焊机是钢结构中必不可少的常用焊接设备（图 5-22），主要用于部品构件间需焊缝连接的部位的焊接。

八、抛丸机

抛丸机（图 5-23）主要用于对钢构件表面的除锈，以达到规范对钢构件表面除锈等级要求。

图 5-22 电焊机　　　　　　　　　　图 5-23 抛丸机

九、喷涂机

喷涂机（图 5-24）主要用于对钢构件表面的油漆的喷涂，以达到对钢构件的防水、防锈的要求。

十、压瓦机

压瓦机（图 5-25）主要用于将定宽彩钢板压制成相应规格的彩钢瓦，彩钢瓦常用于钢结构的外围护。

图 5-24　喷涂机　　　　　　　　　　　图 5-25　压瓦机

十一、C 型、Z 型钢机

C 型、Z 型钢机（图 5-26）可将厚度较薄的带钢压折成相应规格的 C 型钢和 Z 型钢。C 型、Z 型钢常用作钢结构的屋面和墙面檩条。

a）　　　　　　　　　　　　　　　　b）

图 5-26　C 型、Z 型钢机
a）C 型钢机　b）Z 型钢机

第二节　钢部品构件的生产

钢结构部品生产前要做好图样审查、备料核对、钢材选择和检验、材料的变更与修改、钢材的合理堆放、成品检验以及装车出厂等有关施工生产技术资料文件的编写和制订等各项准备工作。制作需严格按图施工，避免错用乱用材料。需要代用的材料必须经设计人员同意后方能使用。

钢结构的钢部品构件的生产通常可分为以下几道工序。

一、下料

（一）下料常用方法

钢结构下料常用的方法有手工切割、半自动切割、数控切割和机械剪切。

1. 手工切割

手工切割（图5-27）灵活方便，但手工切割质量差、尺寸误差大、材料浪费大、后续加工工作量大，同时劳动条件恶劣，生产效率低。虽然手工切割的缺点比较多，但由于手工切割具有灵活性，在一些中小型企业甚至一些大型企业手工切割方法还是较为常用。

图 5-27 手工切割

2. 半自动切割

半自动切割是利用半自动切割机对钢板或型材进行切割的方法（图 5-28）。半自动切割机中仿形切割机（图 5-28c）切割工件的质量较好，由于其使用切割模具，不适合于单件、小批量和大工件切割。其他类型半自动切割机（图 5-28a、b、d）虽然降低了工人的劳动强度，但其功能简单，只适合一些较规则形状的零件切割。

a)   b)   c)   d)

图 5-28 半自动切割

a) 单割炬半自动切割钢板 b) 双割炬半自动切割钢板 c) 仿形切割异型板 d) 半自动切割钢管

3. 数控切割

数控切割（图5-29）相对于手动和半自动切割方式来说，可有效地提高板材切割的效率和质量，并减轻操作者的劳动强度。

随着现代机械工业的发展，对板材切割加工的工作效率和产品质量的要求也同时提高。因此数控切割在我国钢结构生产企业已成为主要的切割下料方法。

图 5-29 数控切割

4. 机械剪切

机械剪切（图5-30）是对板材粗加工的一种常用方式，属于冷切割。钢结构生产中常利用剪板机或者锯床对板材进行剪切下料，与其他切割下料方法相比，机械剪切有剪切后的钢部件变形小及效率高等特点；但剪板机的使用有一定的局限性，仅限于直线剪切，对于曲线及带弧部件无法完成。

剪板机是在钢结构生产下料时较广泛使用的一种剪切设备，它能剪切各种厚度的钢板材料。钢结构生产中常用的剪板机为平剪机。

（二）下料要点

1. 气割

钢结构切割下料常采用气割，气体可为氧-乙炔、氧-丙烷、C_3 气及混合气等。气割施工操作要点：

1）为了保证产品质量，下料时需适当预放加工裕量，一般可根据不同加工量按下列数据进行：

① 自动气割切断的加工裕量为 3mm。

② 手工气割切断的加工裕量为 4mm。

③ 气割后需铣端或刨边的，其加工裕量为 4~5mm。

④ 对需要焊接结构的零件，除放出上述加工裕量

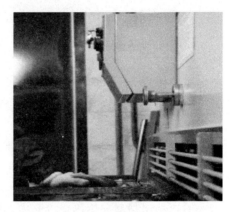

图 5-30 机械剪切

外，还需考虑焊接零件的收缩量。一般沿焊缝长度纵向收缩率为 0.03%~0.2%；沿焊缝宽度横向收缩，每条焊缝收缩量为 0.03~0.75mm；加强肋的焊缝引起的构件纵向收缩，每肋每条焊缝收缩量为 0.25mm。加工裕量和焊接收缩量应由组合工艺中的拼装方法、焊接方法及钢材种类、焊接环境等决定。

2）气割前，钢材切割区域表面的铁锈、污物等应清除干净，并在钢材下面留出一定的空间，以利于熔渣的吹出。气割操作时，首先点燃割炬，随即调整火焰。火焰的大小应根据工件的厚薄调整适当，然后进行切割。割炬移动时应保持匀速，被切割件表面距离焰芯尖端以 2~5mm 为宜。距离太近，会使切口边沿熔化；距离太远，热量不足，易使切割中断。

3）气割施工时，气压要稳定；压力表、速度计等正常无损；机体行走平稳，使用轨道时要保证平直和无振动；割嘴的气流畅通，无污损；割炬的角度和位置准确。

4）气割时，应正确选择割嘴型号、氧气压力、气割速度和预热火焰的能率等工艺参数。工艺参数的选择主要是根据气割机械的类型和切割钢板的厚度。

工艺参数对气割的影响很大，常见的气割断面的缺陷及其产生原因见表 5-1。气割施工常用数据见表 5-2 和表 5-3。

表 5-1　常见气割断面缺陷及其产生原因

缺陷名称	图示	产生原因
粗糙		切割氧压力过高，割嘴选用不当，切割速度太快，预热火焰能率过大
缺口		切割过程中断，重新起割衔接不好，钢板表面有厚的氧化皮、铁锈等，切割坡口时预热火焰能率不足，半自动气割机导轨上有脏物
内凹		切割氧压力过高，切割速度过快
倾斜		割炬与板面不垂直，风线歪斜，切割氧压力低或嘴号偏小

（续）

缺陷名称	图示	产生原因
上缘熔化		预热火焰太强，切割速度太慢，割嘴离割件太近
上缘呈珠链状		钢板表面有氧化皮、铁锈，割嘴到钢板的距离太小，火焰太强
下缘粘渣		切割速度太快或太慢，割嘴号太小，切割氧压力太低

表 5-2　氧-丙烷切割工艺参数

切割板厚度/mm		<10	10~20	20~30	30~40	40~50	50~60
切割压力/MPa	氧气	0.69~0.78	0.69~0.78	0.69~0.78	0.69~0.78	0.69~0.78	0.69~0.78
	丙烷	0.02~0.03	0.03~0.04	0.04	0.04~0.05	0.04~0.05	0.05
切割速度/（mm/min）		400~500	400~500	400~420	350~400	350~400	200~350
割嘴与钢板距离		预热焰的3/4	预热焰的3/4	预热焰的3/4	预热焰的3/4	预热焰的3/4	预热焰的3/4

表 5-3　氧-乙炔切割工艺参数

切割板厚度/mm			<10	10~20	20~30	30~50	50~100
切割氧孔直径/mm	自动、半自动		0.5~1.5	0.8~1.5	1.2~1.5	1.7~2.1	2.1~2.2
	手工		0.6	0.8	1.0	1.3	1.6
割嘴型号	手工		C01-30	C01-30	C01-30 C01-100	C01-100	C01-100
割嘴号码	自动、半自动		1	1	2	2、3	3
	手工		1	2	3、1、2	2	3
气体压力/MPa	氧气	自动、半自动	0.1~0.3	0.15~0.34	0.19~0.37	0.16~0.41	0.16~0.41
		手工	0.1~0.49	0.39~0.59	0.59~0.69	0.59~0.69	0.59~0.78
	乙炔	自动、半自动	0.02	0.02	0.02	0.02	0.04
		手工		0.001~0.12	0.001~0.12		
气体流量	氧气/（m³/h）	自动、半自动	0.5~3.3	1.8~4.5	3.7~4.9	5.2~7.4	5.2~10.9
		手工	0.8	1.4	2.2	3.5~4.3	5.5~7.3
	乙炔/（L/h）	自动	0.14~0.31	0.23~0.43	0.39~0.45	0.39~0.57	0.45~0.74
		手工	210	240	310	460~500	550~600
气割速度/（mm/min）	自动		450~800	360~600	350~480	250~380	160~350
	半自动		500~600	500~600	400~500	400~500	200~400

2. 等离子切割

等离子切割不用保护气，工作气体和切割气体从同一喷嘴喷出。空气等离子切割一般使用压缩空气作为工作气体，以高温高速的等离子弧为热源，将被切割的金属局部溶化，并同时用高速气流将已熔化的金属吹走，形成狭窄切缝。充分电离了的空气等离子体的热熔值高，因而电弧的能量大，切割速度快。这种方法切割成本低，气源来源方便。等离子切割操作要点：

1）等离子切割的回路采用直流正接法，即工件接正极，钨极接负极，减少电极的烧损，以保证等离子弧的稳定燃烧。

2）手工切割时，不得在切割线上引弧。切割内圆或内部轮廓时，应先在板材上钻出直径为12~16mm的孔，切割由孔开始进行。

3）自动切割时，应调节好切割范围和小车行走速度。切割过程中要保持割轮与工件垂直，避免产生熔瘤，保证切割质量。

3. 机械剪切、冲裁

钢零件下料时，如果对于钢材边缘质量要求精度不高，可以选用剪板下料或锯床切割。

（1）剪板下料要点

1）在斜口剪床上剪切时，要根据规定的剪板厚度，调整剪板机的剪刀间隙。斜口剪床上、下剪刀片之间的间隙见表5-4。

表5-4 斜口剪床上、下剪刀片之间的间隙

钢板厚度/mm	<5	6~14	15~30	30~40
刀片间隙/mm	0.08~0.09	0.1~0.3	0.4~0.5	0.5~0.6

2）在龙门剪床上剪切时，将钢板表面清理干净，并划出剪切线，然后将钢板放在工作台上。剪切时，先将剪切线的两端对准下刀口；多人操作时，选定一人指挥，控制操纵机构；剪床的压紧机构先将钢板压牢后，再进行剪切，这样一次就完成全长的剪切。龙门剪床上的剪切长度不能超过下刀口的长度。

3）在圆盘剪切机上剪切时，要根据被剪切钢板厚度调整上下两只圆盘剪刀的距离。

4）不准同时剪切两种不同规格、不同材质的板料，不得叠料剪切。

5）剪切的板料要求表面平整，不准剪切无法压紧的较窄板料。

6）不允许裁剪超过剪床工作能力的板材。

7）送料的手指离剪刀口应保持最小200mm的距离，并且离开压紧装置。

8）剪切时，板料上的剪切加工线要准确无误，压料装置应牢牢地压紧板料以便控制好尺寸精度。

9）零件经剪切后发生弯曲和扭曲变形，剪切后必须进行矫正。

10）机械剪切的零件厚度不宜大于12.0mm，剪切面应平整。当被剪切的钢板厚度小于25mm时，切口附近金属受剪力作用而发生挤压、弯曲而变形，该区域的钢材会发生硬化，一般硬化区域宽度在1.5~2.5mm之间。在制造重要的结构构件时，需将硬化区的宽度刨削除掉或者进行热处理。

11）切割或剪板下料时，需要拼接的翼板或腹板要保证焊接H型钢的翼缘板拼接缝和腹板拼接缝错开的间距不宜小于200mm。翼缘板拼接长度不应小于2倍翼缘板宽且不小于600mm，腹板拼接宽不应小于300mm，长度不应小于600mm。

12）碳素结构钢在环境温度低于-16℃、低合金结构钢在温度低于-12℃时，不得进行剪切、冲孔。

（2）锯床下料要点

1）变形的型钢和钢管应预先矫直，方可进行锯切。

2）所选用的设备和锯片规格，必须满足钢部品构件所要求的加工精度。

3）单个构件锯切时，先画出号料线，然后对线锯切。号料时，需留出锯槽宽度［锯槽宽度为锯片厚度 +（0.5~1.0）mm］。成批加工的构件可预先安装定位挡板进行加工。

4）加工精度要求较高的重要钢部品构件，应考虑留放适当的精加工余量，以供锯切后进行端面精加工。

（3）冲裁下料要点

1）冲床的技术参数对冲裁工作影响很大，在进行冲裁时，要根据技术性能参数进行选择。

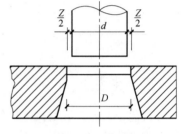

2）冲床吨位与额定功率是冲床工作能力的两项指标，实际冲裁零件所需的冲裁功，必须小于冲床的这两项指标。薄板冲裁功较小，一般可不考虑。

3）滑块在最低位置时，下表面至工作台面的距离和冲床的闭合高度应与模具的闭合高度相适应。

4）冲裁时模具尺寸与冲床工作台面尺寸相适应，保证模具能牢固地安装在台面上。

图 5-31　冲裁模具间隙

5）冲裁模的凸模尺寸总要比凹模小，其间存在一定的间隙。若凸模刃口部分尺寸为 d，凹模刃口部分尺寸为 D，则冲裁模具间隙 $Z = D - d$（图 5-31）。

6）冲裁加工时，一定要合理排样以降低材料损耗（图 5-32）。

图 5-32　排样

a）合理排样　b）不合理排样

7）冲裁时材料在凸模工作刃口外侧应留有足够的宽度，即搭边。搭边值 a 一般根据冲裁件的板厚 t 按以下关系选取：圆形零件，$a \geqslant 0.7t$；方形零件，$a \geqslant 0.8t$。

（三）下料精度

钢结构下料精度须符合《钢结构工程施工质量验收标准》（GB 50205—2020）的各项要求。气割、机械剪切和钢管杆件加工的允许偏差分别见表 5-5 ~ 表 5-7。

表 5-5　气割的允许偏差

项目	允许偏差
零件宽度、长度	±3.0mm
切割面平面度	0.05t，且不应大于 2.0mm
割纹深度	0.3mm
局部缺口深度	1.0mm

注：t 为切割面厚度。

表 5-6　机械剪切的允许偏差

项目	允许偏差
零件宽度、长度	±3.0mm
边缘缺棱	1.0mm
型钢端部垂直度	2.0mm

表 5-7　钢管杆件加工的允许偏差

项目	允许偏差
长度	±1.0mm
端面对管轴的垂直度	0.005r
管口曲线	1.0mm

注：r 为钢管半径。

二、制孔

目前，栓接是装配式钢结构施工现场最主要的连接方式；因此，钻孔是装配式钢结构制作中不可或缺的一道重要工序。

（一）制孔常用方法

制孔可以采用钻孔和冲孔的方法。钻孔有人工钻孔或机床钻孔两种方法。

1. 钻孔

钻孔是在钻床等机械上进行的，可以钻任何厚度的钢构件或零件，孔壁损伤较小，成孔精度较高。对于钢构件，因场地受限制或加工部位特殊，不便使用钻床加工的，可用电钻、风钻或磁座钻加工。

（1）人工钻孔　钢结构人工钻孔常用手枪式或手提式电钻钻孔，多用于钻直径较小、板料较薄的孔，也可以采用压杆钻孔，由两人操作，可钻一般性钢结构的孔，不受工件位置和大小的限制（图5-33）。

a)　　　　　　　　　　　　b)

图 5-33　人工钻孔
a) 电钻钻孔　b) 磁座钻钻孔

（2）机床钻孔　机床钻孔常用数控钻孔或摇臂钻孔，数控钻孔有二维钻孔和三维钻孔

（图 5-34、图 5-35、图 5-36）。数控二维只能对板料平面钻孔，数控三维钻孔可以对钢部件构件两个以上的平面钻孔。

2. 冲孔

冲孔是在冲床上将板料冲出孔来，效率高，但孔壁损伤较大，成孔精度低，常用于对薄板、角铁、扁铁或铜板冲孔（图 5-37）。

图 5-34　数控二维平面钻孔

图 5-35　摇臂钻孔

图 5-36　数控三维钻孔

图 5-37　冲孔

（二）制孔要点

1）钻孔前应进行试钻，经检查认可后方可正式钻孔，避免造成批量不合格产品。

2）当精度要求较高，板叠层数较多、同类孔较多时，可采用钻模制孔或预钻较小孔径、在组装时扩孔的方法，当板叠小于 5 层时，预钻小孔的直径小于公称直径一级（3.0mm）；当板叠大于 5 层时，小于公称直径二级（6.0mm）。

3）钻透孔用平钻头，钻不透孔用尖钻头。当板叠较厚、直径较大或材料强度较高时，则应使用可以降低切削力的群钻钻头，便于排屑和减少钻头的磨损。

4）当批量大、孔距要求较高时，采用钻模。钻模有通用型、组合型和专用钻模。

5）长孔可用两端钻孔、中间氧气切割的办法加工，但孔的长度必须大于孔直径的 2 倍。

6）高强螺栓孔应采用钻成孔。高强螺栓连接板上所有螺栓孔均应采用量规检查，其通过率为：用比孔的公称直径小 1.0mm 的量规检查，每组至少应通过 85%；用比螺栓直径大 0.2~0.3mm 的量规检查，应全部通过。凡量规不能通过的孔，必须经施工图编制单位同意后，方可扩钻或补焊后重新钻孔。扩钻后的孔径不得大于原设计孔径的 2.0mm。补焊时，应用与母材力学性能相当的焊条，严禁用钢块填塞。每组孔中补焊重新钻孔的数量不得超过 20%。处理后的孔应做好记录。

7）钢结构制造中，冲孔一般用于冲制非圆孔及薄板孔。冲孔的孔径必须大于板厚。

8）大批量冲孔时，应按批抽查孔的尺寸及孔的中心距，以便及时发现问题，及时纠正。

9）当环境温度低于 −20℃时，应禁止冲孔。

（三）制孔加工精度

A、B、C 级螺栓孔径及孔距的允许偏差见表 5-8 ~ 表 5-10。

表 5-8　A、B 级螺栓孔径的允许偏差　　　　（单位：mm）

序号	螺栓公称直径、螺栓孔直径	螺栓公称直径允许偏差	螺栓孔直径允许偏差
1	10 ~ 18	0.00 −0.18	+0.18 0.00
2	18 ~ 30	0.00 −0.21	+0.21 0.00
3	30 ~ 50	0.00 −0.25	+0.25 0.00

表 5-9　C 级螺栓孔的允许偏差　　　　（单位：mm）

项目	允许偏差
直径	+1.0 0.0
圆度	2.0
垂直度	0.03t，且不大于 2.0

注：t 为钢板厚度。

表 5-10　螺栓孔孔距的允许偏差　　　　（单位：mm）

螺栓孔孔距范围	≤500	501 ~ 1200	1201 ~ 3000	>3000
同一组内任意两孔间距离	±1.0	±1.5	—	—
相邻两组的端孔间距离	±1.5	±2.0	±2.5	±3.0

当螺栓孔孔距的偏差超过表内规定的允许偏差时，应采用与母材材料相匹配的焊条补焊后重新制孔。

三、边缘加工

钢结构边缘加工的部位主要包括：

1）钢起重机梁翼缘板的边缘、钢柱脚和肩梁承压支承面以及其他要求刨平顶紧的部位、焊接对接口、焊接坡口的边缘、尺寸要求严格的加劲板、隔板、腹板和有孔眼的节点板。

2）由于切割下料产生硬化的边缘或采用气割、等离子弧切割方法切割下料产生的带有害组织热影响区，一般均需对边缘进行刨边、刨平或刨坡口加工。

（一）边缘加工常用方法

边缘加工常用方法见表 5-11。

表5-11　边缘加工常用方法

常用方法	操作方法
铲边	对加工质量要求不高并且工作量不大的边缘加工，可采用铲边方法，铲边分为手工铲边和机械铲边（风动铲锤）两种，手工铲边的工具包括手锤和手錾等，机械铲边的工具包括风动铲锤和铲头等。风动铲锤是用压缩空气作动力的一种风动工具，它由进气管、扳机、推杆、阀柜和锤体等主要部分组成，使用时将输送压缩空气的橡胶管接在进气管上，按动扳机，即可进行铲削工作
刨边	刨边加工分为刨直边和刨斜边两种。刨边加工的加工余量随着钢材的厚度、钢板的切割方法的不同而不同，一般的刨边加工余量为 2～4mm，下料时应用符号注明刨斜边或刨直边
铣边	对于有些构件的端部，可采用铣边（端面加工）的方法代替刨边，铣边是为了保持构件的精度。如起重机梁、桥梁等接头部分，钢柱或塔架等的金属底承部位，能使其由承压面直接传至底板支座，以减小连接焊缝的焊角尺寸，其加工质量优于刨边
气割切割坡口	切割坡口包括手工气割和用半自动、自动气割机进行坡口切割。其操作方法和使用的工具与气割相同。所不同的是将割炬嘴偏斜成所需要的角度，对准要开坡口的地方运行割炬即可。由于此种方法简单易行、效率高，能满足开 V 形坡口的要求，所以已被广泛采用，但要注意切割后需清理干净氧化铁皮残渣
碳弧气刨	碳弧气刨就是把碳棒作为电极，与被刨削的金属间产生电弧。此电弧具有 6000℃的高温，足以把金属加热到熔化状态，然后用压缩空气的气流把熔化的金属冲掉，达到刨削或切削金属的目的

（二）边缘加工要点

1）气割或机械剪切的零件，需要进行边缘加工时，其刨削量不应小于 2.0mm。

2）焊接坡口加工宜采用自动切割、半自动切割、坡口机、刨边等方法进行。

3）边缘加工应注意加工面的垂直度和表面粗糙度。

（三）边缘加工精度

边缘加工允许偏差见表 5-12～表 5-14。

表5-12　边缘加工允许偏差

项目	允许偏差
零件宽度、长度	±1.0mm
加工边直线度	$l/3000$，且不应大于2.0mm
加工面垂直度	$0.025t$且不应大于0.5mm
加工面表面粗糙度	$R_a \leq 50\mu m$

注：l为加工边长度；t为切割面厚度。

表5-13　焊缝坡口加工允许偏差

项目	允许偏差
坡口角度	±5°
钝边	±1.0mm

表5-14　零部件铣削加工后允许偏差　　　　　（单位：mm）

项目	允许偏差
两端铣平时零件长度、宽度	±1.0
铣平面的平面度	$0.02t$，且不应大于0.3
铣平面的垂直度	$h/1500$，且不应大于0.5

注：t为铣平面的厚度；h为铣平面的高度。

四、球、杆件加工

球、杆件主要用于网架结构，球有螺栓球、焊接球。螺栓球由钢球、高强螺栓、紧固螺钉、套筒、锥头和封板组成（图5-38）。螺栓球加工工艺流程如图5-39所示。

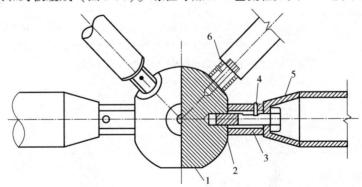

图5-38　螺栓球组成

1—钢球　2—高强螺栓　3—套筒　4—紧固螺钉　5—锥头　6—封板

焊接球为空心球体，由两个半球拼接对焊而成。焊接球分不加肋和加肋两类（图5-40和图5-41）。钢网架重要节点一般均为加肋焊接球，加肋形式有加单肋、垂直双肋等。所以加肋圆球组装前，还应加肋、焊接。

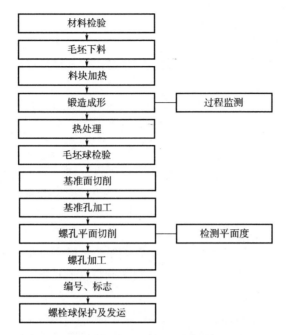

图 5-39　螺栓球加工工艺流程

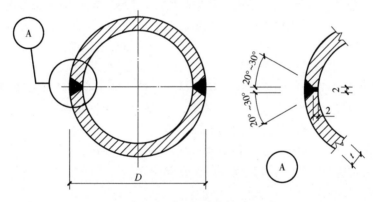

图 5-40　不加肋焊接球

D—焊接球的直径　A—坡口　t—钢材厚度

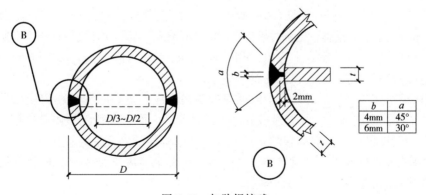

图 5-41　加肋焊接球

D—焊接球的直径　B—坡口　t—钢材厚度

球、杆件一般由专业厂生产，现场组装。

（一）球、杆件加工常用方法

球加工成形一般分为热锻和拼焊两种方法。热锻成形的球称螺栓球，焊接成形的球称焊接球。

网架球节点杆件均采用钢管，平面端采用机床下料，管口相贯线采用自动切管机下料。

（二）球、杆件加工要点

1. 螺栓球加工要点

螺栓球毛坯是通过钢锭锻打而成，其材质难以确保，需从源头把关。毛坯球的检查主要为：是否有裂纹、氧化皮、球径的误差等项。其中球径过小影响铣面面积，使螺栓球与套筒接触面过小，造成严重的质量隐患。螺栓球为45号钢，其质量应符合现行国家标准《优质碳素结构钢》（GB/T 699—2015）的规定。

螺栓球的螺栓孔加工虽属于粗牙加工，但其应按照机械产品加工要求，特别是丝锥锥入深度能满足后期螺栓安装深度要求。其主要控制指标有以下几项：

1）铣面要确保套筒的接触面。

2）各球孔应保证统一指向球心，车床的三爪卡盘中心、钻头的钻芯以及工装的中心位置要对准，这需要经常在加工过程中进行核对。

3）成孔角度符合设计要求。在加工前要整理加工工序。其中对于成品球的抽检工作可利用图纸上相近的螺栓球对比检查角度，评定误差大小。已加工的工艺孔和制成型的球如长期不用，应进行密封处理，防止螺栓孔锈蚀。新产品的钻头或丝锥以及不常见的螺栓孔加工过后应用螺栓拧入，检查是否咬合良好。

螺栓球网架的加工过程决定了网架最终质量的好坏，各作业工种都需做到精细操作。各作业班组应针对自身特点严格控制、规范操作。相同的作业班组应加强经验交流，取长补短，统一认识，以便行之有效地提高网架的加工质量。

螺栓球成型后外观不得有裂纹、叠皱和过烧，氧化皮应清除。

封板、锥头、套筒表面不得有裂纹、过烧及氧化皮。

2. 焊接球加工要点

1）加肋的焊接球注意加肋高度不应超过球内表面，以免影响拼装。

2）焊接球下料时应控制尺寸，并放出适当余量。

3）焊接球材料用加热炉加热到600～900℃之间的适当温度，放到半圆胎具内，逐步压制成半圆球，采取均匀加热的措施，压制时氧化铁皮应及时清理，半圆球在胎具内应能变换位置。

4）半圆球成形后，从胎具上取出冷却，对半圆球用样板修正，应留出拼接余量。

5）圆球拼装时，应有胎具，保证拼装质量。

6）焊接球拼接为全熔透焊缝，焊缝质量等级为二级。拼好的圆放在焊接胎具上，胎具两边各打一个小孔固定圆球，并能慢慢旋转。圆球旋转一圈，调整各项焊接参数，采用埋弧焊（也可以用气体保护焊）对焊接球进行多层、多道焊接，直至焊缝填平为止。

7）焊缝外观要求光滑，不得有裂纹和褶皱，焊缝余高应符合要求，检查合格后，应在24h之后对钢球焊缝进行超声波探伤检查。

3. 杆件加工要点

1）网架球节点均采用钢管作杆件。杆件平面端采用机床下料，管口相贯线宜采用自动切管机下料。杆件下料时应考虑拼装后的长度变化；尤其是焊接球的杆件尺寸更要考虑多方面的因素，如球的偏差带来杆件尺寸的细微变化，季节变化带来杆的偏差。因此，杆件下料应慎重调整尺寸，防止下料以后带来的批量性误差。

2）杆件下料后应检查是否弯曲，如有弯曲应加以校正。

3）杆件下料后应打坡口，焊接球杆件壁厚在 5mm 以下时，可不开坡口；螺栓球杆件必须开坡口。

4）杆件与封板或锥头拼装，必须有定位胎具，保证组装杆件长度一致。杆件与封板或锥头定位点焊后，检查坡口尺寸，杆件与封板或锥头应双边各开 30° 坡口，并有 2 ~ 5mm 宽的间隙，封板或锥头焊接应在旋转焊接支架上进行，焊缝应焊透、饱满、均匀一致，不咬肉。

5）螺栓球网架用杆件在小拼前应将相应的高强度螺栓埋入，埋入前对高强度螺栓逐条进行硬度试验和外观质量检查，有疑义的高强度螺栓不能埋入。

6）焊接球节点杆件与球体直接对焊，管端面为曲线，一般应采用相贯线切割机下料，或按展开样板号料，气割后进行镗铣。对管口曲线放样时，应考虑管壁厚度及坡口等因素。管口曲线应用样板检查，其间隙偏差不大于 1mm，管的长度应预留焊接收缩余量。

（三）球、杆件加工精度

1. 球加工

1）螺栓球螺纹尺寸应符合现行国家标准《普通螺纹 基本尺寸》（GB/T 196—2003）的规定，螺纹公差应符合现行国家标准《普通螺纹 公差》（GB/T 197—2018）中 6H 级精度的规定。

2）焊接球表面应光滑平整，局部凹凸不平不应大于 1.5mm。

3）球加工允许偏差见表 5-15、表 5-16。

表 5-15　螺栓球加工的允许偏差

项目		允许偏差	检验方法
球直径	$D \leqslant 120mm$	+ 0.2mm	用卡尺和游标卡尺检查
		− 1.0mm	
	$D > 120mm$	+ 3.0mm	
		− 1.5mm	
球圆度	$D \leqslant 120mm$	1.5mm	用卡尺和游标卡尺检查
	$120mm < D \leqslant 250mm$	2.5mm	
	$D > 250mm$	3.5mm	
同一轴线上的两铣平面平行度	$D \leqslant 120mm$	0.2mm	用百分表 V 形块检查
	$D > 120mm$	0.3mm	
铣平面距球中心距离		±0.2mm	用游标卡尺检查
相邻两螺栓孔中心线夹角		±30′	用分度头检查
两铣平面与螺栓孔轴线垂直度		0.005r（mm）	用百分表检查

注：D 表示螺栓球的直径；r 为铣平面半径。

表 5-16　焊接球加工的允许偏差　　　　　　（单位：mm）

项目		允许偏差	检验方法
球直径	$D \leq 300$	±1.5	用卡尺和游标卡尺检查
	$300 < D \leq 500$	±2.5	
	$500 < D \leq 800$	±3.5	
	$D > 800$	±4.0	
球圆度	$D \leq 300$	1.5	
	$300 < D \leq 500$	2.5	
	$500 < D \leq 800$	3.5	
	$D > 800$	4.0	
壁厚减薄量	$t \leq 10$	0.18t，且不应大于 1.5	用卡尺和测厚仪检查
	$10 < t \leq 16$	0.15t，且不应大于 2.0	
	$16 < t \leq 22$	0.12t，且不应大于 2.5	
	$22 < t \leq 45$	0.11t，且不应大于 3.5	
	$t > 45$	0.08t，且不应大于 4.0	
对口错边量	$t \leq 20$	1.0	用套模和游标卡心检查
	$20 < t \leq 40$	2.0	
	$t > 40$	3.0	
焊缝余高		0 ~ 1.5	用焊缝量规检查

注：D 表示焊接球的直径；t 为焊接球的壁厚。

2. 杆件加工

杆件加工允许偏差见表 5-17。

表 5-17　杆件加工允许偏差　　　　　　（单位：mm）

项目	允许偏差	检验方法
长度	±1.0	用钢尺和百分表检查
端面对管轴的垂直度	0.005r	用百分表 V 形块检查
管口曲线	1.0	用套模和游标卡心检查

注：r 表示管轴的半径。

五、组焊矫加工

（一）组焊矫加工常用方法

1. 组立常用的方法

组立常用组立机进行组装。焊接 H 型钢采用 H 型钢组立机进行翼腹板组装（图 5-42）。焊接箱型柱、梁可采用箱型柱组立机进行组立（图 5-43），也可在平台上人工组立。十字柱的组立可采用已组立焊接好的 H 型钢和两个 T 形钢人工进行组立（图 5-44）。

对于有些截面无法满足组立机要求时，可选用人工组立的方法。

图 5-42　焊接 H 型钢组立

图 5-43　焊接箱型柱组立

2. 埋弧焊常用的方法

埋弧焊常用自动或半自动埋弧焊机焊接。

H 型钢的埋弧焊接常用龙门式自动埋弧焊机（图 5-45）。龙门式自动埋弧焊机焊接自动化程度高，操作简单方便，焊接机头具有垂直升降、角度调整等功能。为适应不同焊接工件的需要，焊剂靠重力送进，负压真空机回收，两个焊接机头既能同时焊接，又能单独焊接。

箱型构件箱体主焊缝的焊接可采用双丝自动埋弧焊机、半自动埋弧焊机或改装的龙门式埋弧焊机。

图 5-44　十字柱组立

图 5-45　龙门埋弧焊焊接 H 型钢

3. 矫正常用的方法

矫正就是造成新的变形去抵消已经发生的变形。在钢结构制作过程中，由于原材料变形、气割和剪切变形、焊接变形、运输变形等，影响构件的制作及安装质量。当构件出现变形时，必须进行矫正。

矫正常用的方法有冷矫正、热矫正和混合矫正。

（1）冷矫正　冷矫正常用机械矫正（图 5-46）和手工矫正的方法，用到的矫正设备和工具有矫正机、压力机、千斤顶、弯轨器和手锤等，主要是通过施加外力对钢部件构件进行矫正。

H 型钢焊接成型后由于热胀冷缩的作用，其翼缘板在焊缝位置不可避免地会产生弯曲变形，型钢矫正机的工作力有侧向和垂直向下压力两种。两种型钢矫直机的工作部分是由两个支承和一个推撑构成的，推撑可做伸缩运动，伸缩距离可根据需要进行控制，两个支承固定在机座上，可按型钢弯曲程度来调整两支承点之间的距离，一般较大弯曲时距离大，较小弯曲时距离小。

零件气割或剪切产生的变形一般可用手锤进行锤击矫正。

（2）热矫正 热矫正常用火焰矫正，主要是通过对钢部件构件的局部加热后，利用冷却时内部产生的强大冷缩应力，促使材料的内部纤维受拉塑性收缩，从而矫正变形（图5-47）。加热矫正一般只用于低碳钢，对于中碳钢、高合金钢、铸铁和有色金属等脆性较大的材料，由于冷却收缩变形会产生裂纹，不得采用。

图5-46 机械矫正　　　　　　　　　　　　图5-47 热矫正

（3）混合矫正 钢结构部件矫正根据需要可采用混合矫正的方法。机械矫正后，对于焊后产生的弯曲、扭曲等变形或者用一种矫正法难以矫正的钢部件，可选用其他合适的热矫正方法或配合使用小型机具的方法矫正（图5-48）。此种方法适用于型材、钢构件、工字梁、构架或结构件进行局部或整体变形矫正。普通碳素钢温度低于 -16℃、低合金结构钢温度低于 -12℃时，不宜采用本法矫正，以免产生裂纹。

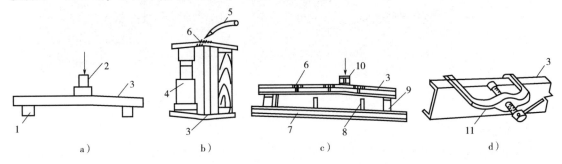

图5-48 混合矫正

a）单头撑直机矫正　b）用千斤顶配合热烤矫正　c）用横梁加荷配合热烤矫正　d）用弯轨器矫正

1—支撑块　2—压力机顶头　3—弯曲型钢　4—液压千斤顶　5—烤枪　6—加热带
7—平台　8—标准平板　9—支座　10—加荷横梁　11—弯轨器

常用钢材的矫正方法见表5-18。

表 5-18　常用钢材矫正方法

钢材名称	矫正方法
型钢	矫正机可以对焊接 H 型钢焊接后在翼缘板焊缝位置产生的弯曲变形进行矫正，从而保证翼缘板的平面度（图 5-46） 1. 型钢焊接产生的旁弯、扭曲变形在矫正前，先要确定弯曲点的位置（又称找弯），这是矫正工作不可缺少的步骤 2. 在现场确定型钢变形位置时，常用平尺靠量、拉直粉线来检验，但多数是采用目测的方法。确定型钢的弯曲点时，应注意型钢自重下沉而产生的弯曲，这影响准确查看弯曲度。因此对较长的型钢，测弯时要放在水平面上或放在矫正架上进行 3. 旁弯、扭曲变形常采用热矫正的方法。热矫正的方法有以下三种： （1）点状加热。点状加热加热点呈小圆形，直径一般为 10～30mm，点距为 50～100mm，呈梅花状布局，加热后"点"的周围向中心收缩，使变形得到矫正。点状加热适用于矫正板料局部弯曲或凹凸不平（图 5-49） （2）线状加热。加热带的宽度不大于工件厚度的 0.5～2.0 倍。由于加热后上下存在较大的温差，加热带长度方向产生的收缩量较小，横向收缩较大，因而产生不同收缩使得钢材变直，但加热红区的厚度不应超过钢板厚度的一半，常用于 H 型钢构件翼板变形的矫正。线状加热多用于较厚板（10mm 以上）的角变形和局部圆弧、弯曲变形的矫正（图 5-50） （3）三角形加热。加热面呈等腰三角形。加热面的高度与底边宽度一般控制在型材高度的 1/5～2/3 范围内，加热面应在工件变形凸出的一侧（三角形的顶点在内侧，底边在工件外侧边缘处）。一般对工件凸起处加热数处，加热后收缩量从三角形的顶点起沿等腰边逐渐增大，冷却后凸起部分收缩使工件得到矫正，常用于构件的拱变形和旁弯的矫正。三角形加热面积大，收缩量也大，适用于型钢、钢板及构件（如屋架、起重机梁等成品）纵向弯曲及局部弯曲变形的矫正（图 5-51）
角钢	（1）角钢手工矫正。角钢的矫正首先要矫正角度变形，将其角度矫正后再矫直弯曲变形 （2）角钢角度变形的矫正（图 5-52）。成批的角钢角度变形，可制成 90°角形凹凸模具，用机械压顶法矫正。少量的角钢角度局部变形可与矫直一并进行。当其角度大于 90°时，将一肢边立在平面上，直接用大锤击打另一肢边，使角度达到 90°时为止。其角度小于 90°时，将内角垂直放一平面上，将适合的角度锤或手锤放于内角，用大锤击打，扩开角度而达到 90° （3）角钢弯曲手工矫正。用大锤矫正角钢方法如图 5-53 所示。将角钢放在矫正架上，根据角钢的长度，一人或两人握紧角钢的端部，另一人用大锤击中角钢的立边面和角筋位置面，要求打准且稳。根据角钢各面弯曲和翻转变化以及打锤者所站的位置，大锤击打角钢各面时，其锤把按图 5-53 所示箭头方向略有抬高或放低。锤面与角钢面的高、低夹角约为 3°～10°。这样大锤对角钢具有推拉作用力，以维持角钢受力时的重心平衡，才不会把角钢打翻和避免发生震手的现象
槽钢	（1）槽钢大小面方向变形弯曲的大锤矫正与角钢各面弯曲矫正方法相同 （2）槽钢翼缘向内凸起矫正时，将槽钢立起，并使凹面向下与平台悬空，矫正方法应视变形程度而定。当凹面变形小时，可用大锤由内向外直接击打，严重时可用火焰加热其凸处，并用平锤垫衬，大锤击打即可矫正（图 5-54a） （3）槽钢翼缘面外凸矫正。将槽翼缘面仰放在平台上，一人用大锤顶紧凹面，另一人用大锤由外凸处向内击打，直到打平为止（图 5-54b）

（续）

钢材名称	矫正方法
扁钢	（1）矫正扁钢侧向弯曲时，将扁钢凸面朝上、凹面朝下放置于矫架上，用大锤由凸处最高点依次击打，即可矫正 （2）小规格的扁钢扭曲矫正，先将靠近扭曲处的直段用虎钳夹紧（图5-55a），用扳制的开口扳手插在另一端靠近扭曲处的直段，向扭曲的反方向加力扳曲，最后放在平台上用大锤修整而矫正扁钢。扁钢扭曲的另一种矫正方法是，将扁钢的扭曲点放在平台边缘上，用大锤按扭曲反方向进行两面逐段、来回移动的循环击打即可矫正（图5-55b）
圆钢	（1）当圆钢制品件质量要求较严时，应将弯曲处凸面向上放在平台上，用摔子锤压凸处，用大锤击打便可矫正（图5-56a） （2）一般圆钢的弯曲矫正可由两人进行，一人将圆钢的弯处凸面向上放在平台的固定处，来回转动圆钢，另一人用大锤击打凸处，当圆钢矫正一半时，从圆钢另一端进行矫正，直到整根圆钢全部与平台面相接触即可（图5-56b）

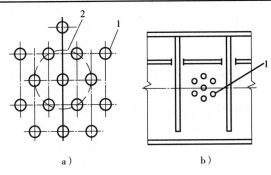

图5-49　点状加热

a）点状加热布局　b）用点状加热矫正起重机梁腹板变形

1—点状加热　2—梅花形布局加热

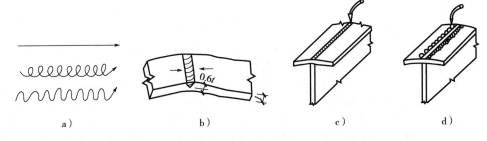

图5-50　线状加热

a）线状加热方式　b）线状加热矫正板变形

c）单加热带矫正H型梁翼缘角变形　d）双加热带矫正H型钢梁角变形

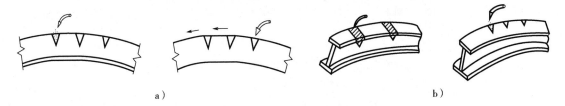

图5-51　三角形加热

a）角钢、钢板的三角形加热方式　b）三角形加热矫正H型钢拱变形和旁弯曲变形

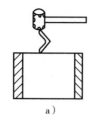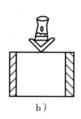

图 5-52　手工矫正角钢角度变形

a) 大于90°的矫正　b) 小于90°的矫正

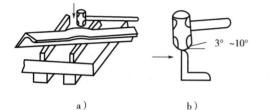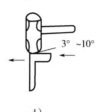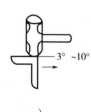

图 5-53　大锤矫正角钢

a) 用矫架矫直角钢　b) 立面拉打角钢　c) 立面推打角钢　d) 平面推打角钢　e) 平面拉打角钢

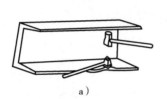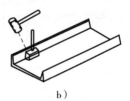

图 5-54　槽钢翼缘面凸变形的手工矫正

a) 内凸矫正　b) 外凸矫正

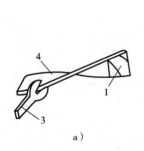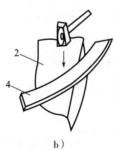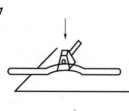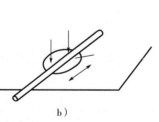

图 5-55　扁钢扭曲矫正

a) 虎钳夹紧法矫正小规格扁钢

b) 边缘击打矫正扁钢

图 5-56　圆钢弯曲手工矫正

a) 用摔子锤矫正　b) 用大锤击打矫正

1—虎钳　2—平台　3—开口扳具　4—扭曲的扁钢

（二）组焊矫加工要点

1. 组立加工要点

常用的焊接 H 型钢组立加工要点:

1) 焊接 H 型钢应以一端为基准，使翼缘板、腹板的尺寸偏差累积到另一端。

2) 腹板、翼缘板组装前，应在翼缘板上标志出腹板定位基准线。

3）腹板定位采用定位点焊，应根据 H 型钢具体规格确定点焊缝的间距及长度；一般点焊焊缝的间距为 300～500mm；焊缝长为 20～30mm；腹板与翼缘板应顶紧，局部间隙不应大于 1mm。

4）焊接 H 型钢的翼腹板有拼接缝的，其翼缘板和腹板拼接缝的间距不应小于 200mm。

2. 埋弧焊加工要点

1）焊接材料与母材的匹配应符合设计要求及国家现行标准的规定。焊接材料在使用前，应按其产品说明书及焊接工艺文件的规定进行烘焙和存放。

2）焊接前应按工艺文件的要求调整焊接电流、电弧电压、焊接速度、送丝速度等参数，然后方可正式施焊。

3）施焊前，焊工应检查焊接部位的组装和表面清理的质量，如不符合要求，应修磨补焊合格后方能施焊。焊接坡口组装允许偏差值应符合设计规定。坡口组装间隙超过允许偏差规定时，可在坡口单侧或两侧堆焊、修磨使其符合要求，但当坡口组装间隙超过较薄板厚度 2 倍或大于 20mm 时，不应用堆焊方法增加构件长度和减小组装间隙。

4）T 形接头、十字形接头、角接接头和对接接头主焊缝两端，必须配置引弧板（引出板），其材质应和被焊母材相同，坡口形式应与被焊焊缝相同，禁止使用其他材质的材料充当引弧板（引出板）。另外，为了确保完全焊透，在焊接接头的反面垫以与母材相同材料的钢板，即背面衬板。引弧板和背面衬板如图 5-57 所示。

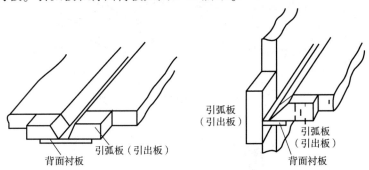

图 5-57　引弧板和背面衬板示意图

引弧板的长度应根据焊接方法和母材厚度而定，一般焊接方法采用的引弧板长度规格见表 5-19。

表 5-19　引弧板长度规格

焊接方法	引弧板长度/mm
手工电弧焊	30～50
半自动焊	40～60
埋弧自动焊	50～100
熔嘴电渣焊	约 100

引弧板在焊接完成后，如果在结构上或施工中没有妨碍，可以将其保留，但一般都应用气割等将其割掉。气割时通常在离母材 5mm 处割断，再用砂轮机修磨平整，切不可用锤击打掉。

5）厚度 12mm 以下板材，可不开坡口，采用双面焊，正面焊电流稍大，熔深达 65% ~ 70% ，反面达 40% ~ 55% 。厚度大于 12mm 的板材，单面焊后，背面清根，再进行焊接。厚度较大的板，开坡口焊，一般采用手工打底焊。

6）填充层总厚度应低于母材表面 1 ~ 2mm ，稍凹，不得熔化坡口边。

7）盖面层使焊缝对坡口熔宽每边 3 ± 1mm ，调整焊速，使余高为 0 ~ 3mm 。

8）不应在焊缝以外的母材上打火引弧。

9）对刨平顶紧的部位，必须经质量部门检验合格后才能施焊。

10）在组装好的构件上施焊，应严格按焊接工艺规定的参数以及焊接顺序进行，以控制焊后构件变形。

11）引弧板和引出板宽度应大于 80mm ，长度宜为板厚的 2 倍且不小于 100mm ，厚度应不小于 10mm 。

3. 矫正加工要点

1）使用的 H 型钢矫正机必须与所矫正的对象尺寸相符合。

2）H 型钢翼缘板矫正时，矫正次数应根据翼板宽度和厚度确定，一般为 1 ~ 3 次。

3）当 H 型钢出现侧向弯曲、扭曲、腹板表面平整度达不到要求时，应采用火焰矫正。

4）碳素结构钢在环境温度低于 −16℃ 、低合金钢在环境温度低于 −12℃ 时，不应进行冷矫正和冷弯曲。碳素结构钢和低合金结构钢在加热矫正时，加热温度不应超过 900℃ 。低合金结构钢在加热矫正后应自然冷却。

5）当零件采用热加工成型时，加热温度应控制在 900 ~ 1000℃ ；碳素结构钢和低合金结构钢在温度分别下降到 700℃ 和 800℃ 之前，应结束加工；低合金结构钢应自然冷却。

（三）组焊矫加工精度

1. 组立加工精度

组立加工精度参照表 5-33。

2. 埋弧焊焊缝质量要求及精度

（1）焊缝质量等级

1）焊缝内部缺陷。设计要求的一、二级焊缝应进行内部缺陷的无损检测，一、二级焊缝的质量等级和检测要求应符合表 5-20 的规定。

表 5-20　一、二级焊缝质量等级及无损检测要求

焊缝质量等级		一级	二级
内部缺陷超声波探伤	缺陷评定等级	Ⅱ	Ⅲ
	检测等级	B 级	B 级
	检测比例	100%	20%
内部缺陷射线探伤	缺陷评定等级	Ⅱ	Ⅲ
	检测等级	B 级	B 级
	检测比例	100%	20%

注：二级焊缝检测比例的计数方法应按以下原则确定：工厂制作焊缝按照焊缝长度计算百分比，且探伤长度不应小于 200mm ；当焊缝长度小于 200mm 时，应对整条焊缝进行探伤；现场安装焊缝应按照同一类型、同一施焊条件的焊缝条数计算百分比，且不应小于 3 条焊缝。

一、二级焊缝的检测可采用超声波或射线探伤的方法。当采用超声波检测时，超声波检测设备、工艺要求及缺陷评定等级应符合现行国家标准《钢结构焊接规范》（GB 50661—2011）的规定；当不能采用超声波探伤或对超声波检测结果有疑义时，可采用射线检测验证，射线检测技术应符合现行国家标准《焊缝无损检测 射线检测 第 1 部分：X 和伽玛射线的胶片技术》（GB/T 3323.1—2019）或《焊缝无损检测 射线检测 第 2 部分：使用数字化探测器的 X 和伽玛射线技术》（GB/T 3323.2—2019）的规定，缺陷评定等级应符合现行国家标准《钢结构焊接规范》（GB 50661—2011）的规定。

焊接球节点网架、螺栓球节点网架及圆管 T、K、Y 节点焊缝的超声波探伤方法及缺陷分级应符合国家和行业现行标准的有关规定。

2）焊缝外观质量。焊缝外观质量检查可选用观察或使用放大镜、焊缝量规和钢尺检查，当有疲劳验算要求时，采用渗透或磁粉探伤检查。焊缝的外观质量要求见表 5-21 和表 5-22。

表 5-21　无疲劳验算要求的钢结构焊缝外观质量要求

检验项目	焊缝质量等级		
	一级	二级	三级
裂纹	不允许	不允许	不允许
未焊满	不允许	$\leq 0.2mm + 0.02t$ 且 $\leq 1mm$，每 100mm 长度焊缝内未焊满累积长度 $\leq 25mm$	$\leq 0.2mm + 0.04t$ 且 $\leq 2mm$，每 100mm 长度焊缝内未焊满累积长度 $\leq 25mm$
根部收缩	不允许	$\leq 0.2mm + 0.02t$ 且 $\leq 1mm$，长度不限	$\leq 0.2mm + 0.04t$ 且 $\leq 2mm$，长度不限
咬边	不允许	$\leq 0.05t$ 且 $\leq 0.5mm$，连续长度 $\leq 100mm$，且焊缝两侧咬边总长 $\leq 10\%$ 焊缝全长	$\leq 0.1t$ 且 $\leq 1mm$，长度不限
电弧擦伤	不允许	不允许	允许存在个别电弧擦伤
接头不良	不允许	缺口深度 $\leq 0.05t$ 且 $\leq 0.5mm$，每 1000mm 长度焊缝内不得超过 1 处	缺口深度 $\leq 0.1t$ 且 $\leq 1mm$，每 1000mm 长度焊缝内不得超过 1 处
表面气孔	不允许	不允许	每 50mm 长度焊缝内允许存在直径 $< 0.4t$ 且 $\leq 3mm$ 的气孔 2 个，孔距应 ≥ 6 倍孔径
表面夹渣	不允许	不允许	深 $\leq 0.2t$，长 $\leq 0.5t$ 且 $\leq 20mm$

注：t 为接头较薄件母材厚度。

表 5-22　有疲劳验算要求的钢结构焊缝外观质量要求

检验项目	焊缝质量等级		
	一级	二级	三级
裂纹	不允许	不允许	不允许
未焊满	不允许	不允许	$\leq 0.2mm + 0.02t$ 且 $\leq 1mm$，每 100mm 长度焊缝内未焊满累积长度 $\leq 25mm$
根部收缩	不允许	不允许	$\leq 0.2mm + 0.02t$ 且 $\leq 1mm$，长度不限
咬边	不允许	$\leq 0.05t$ 且 $\leq 0.3mm$，连续长度 $\leq 100mm$，且焊缝两侧咬边总长 $\leq 10\%$ 焊缝全长	$\leq 0.1t$ 且 $\leq 0.5mm$，长度不限
电弧擦伤	不允许	不允许	允许存在个别电弧擦伤

（续）

检验项目	焊缝质量等级		
	一级	二级	三级
接头不良	不允许	不允许	缺口深度≤0.05t且≤0.5mm，每1000mm长度焊缝内不得超过1处
表面气孔	不允许	不允许	直径<1.0mm，每m不多于3个，间距不小于20mm
表面夹渣	不允许	不允许	深≤0.2t，长≤0.5t且≤20mm

注：t为接头较薄件母材厚度。

3）埋弧焊的焊接缺陷和防止措施。埋弧焊过程中容易产生的焊接缺陷及其防止措施见表5-23。

表5-23　埋弧自动焊的焊接缺陷和防止措施

缺陷	产生原因	防止措施
裂纹	1. 焊丝和焊剂的匹配不当（如果母材含碳量高，则熔敷金属含锰量减少） 2. 焊接区快速冷却致使热影响区硬化 3. 由于收缩应力过大产生打底焊道裂纹 4. 母材的约束过大，焊接程序不当 5. 焊缝形状不当，与焊缝宽度相比增高过大（由于梨状焊缝产生的裂纹） 6. 冷却方法不当 7. 由于沸腾钢产生的硫致裂纹	1. 选择匹配合适的焊丝和焊剂，对含碳量高的母材采取预热措施 2. 增加焊接电流，降低焊接速度，对母材预热 3. 增加打底焊道的宽度 4. 制定合理的焊接工艺和焊接程序 5. 降低焊接电流和增加电弧电压，使焊缝宽度和增高同步进行 6. 进行焊后热处理 7. 选择匹配合适的焊丝和焊剂
咬边	1. 焊接速度过快 2. 衬垫不当 3. 电流和电压不当 4. 焊丝位置不当（在水平填角焊的情况下）	1. 选适当的焊接速度 2. 仔细安装衬垫板 3. 调节电流、电压，使之配合适当 4. 调节焊丝位置
焊瘤	1. 焊接电流过大 2. 焊接速度过慢 3. 焊接电压太低	1. 降低电流 2. 加快焊接速度 3. 调节电压
夹渣	1. 母材倾斜于焊接方向致使熔渣超前 2. 多层焊时焊丝过于靠近坡口侧 3. 在接头的连接处焊接时易产生夹渣 4. 多层焊时电流太低，中间焊道的熔渣没有被完全清除 5. 焊接速度太慢，熔渣超前	1. 采用相反方向的焊接或把母材放置水平位置 2. 焊丝距坡口侧的距离至少要大于焊丝直径 3. 应使连接处接头厚度和坡口形状与母材相同 4. 增大电流，使没有被完全清除的熔渣熔化 5. 增加电流和提高焊接速度
增高太高	1. 电流太高 2. 电压太低 3. 焊接速度太慢 4. 使用衬垫时，间隙过窄 5. 焊件未处于水平位置	1. 降低电流至适当值 2. 增加电压至适当值 3. 加快焊接速度 4. 增大间隙 5. 将焊件置于水平位置

（续）

缺陷	产生原因	防止措施
增高太低	1. 电流过低 2. 电压过高 3. 焊接速度太快 4. 焊件未处于水平位置	1. 增大电流 2. 降低电压 3. 降低焊接速度 4. 将焊件置于水平位置
气孔	1. 接头上粘有油、锈等其他有机物杂质 2. 焊剂受潮 3. 焊丝生锈 4. 焊剂中混有杂质	1. 焊接之前对接头和坡口附近进行清理 2. 按规定要求烘焙焊剂 3. 检查焊丝是否有锈蚀 4. 焊剂在保存和回收时应注意避免混入杂质
焊缝表面粗糙	1. 焊剂散布位置不当 2. 焊剂粒度选择不当	1. 调整焊剂散布高度 2. 选择与焊接电流匹配的焊剂粒度
鱼骨状裂纹	1. 坡口表面有油、锈、油漆等杂质 2. 焊剂受潮	1. 焊接之前进行清理 2. 按规定要求烘焙焊剂

（2）焊缝精度　焊缝允许偏差见表5-24、表5-25、表5-26。

表5-24　要求焊透的对接和角接组合焊缝允许偏差

序号	项目	示意图	焊角尺寸	允许偏差
1	T形接头	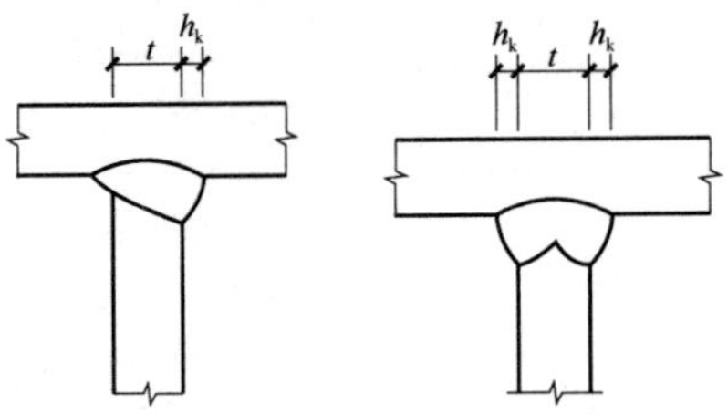		
2	十字接头	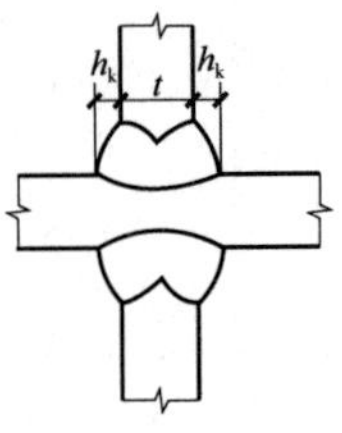	$t/4 \leqslant h_k \leqslant 10$	0 +4.0mm
3	角接接头	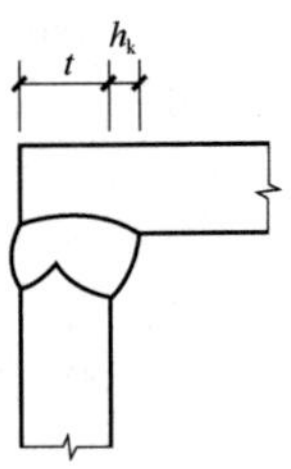		

表 5-25　无疲劳验算要求的钢结构对接焊缝与角焊缝外观尺寸允许偏差　（单位：mm）

序号	项目	示意图	外观尺寸允许偏差	
			一级、二级	三级
1	对接焊缝余高 C		$B<20$ 时，C 为 $0\sim3.0$； $B\geqslant20$ 时，C 为 $0\sim4.0$	$B<20$ 时，C 为 $0\sim3.5$； $B\geqslant20$ 时，C 为 $0\sim5.0$
2	对接焊缝错边 Δ		$\Delta<0.1t$，且 $\leqslant2.0$	$\Delta<0.15t$，且 $\leqslant3.0$
3	角焊缝余高 C		$h_t\leqslant6$ 时，C 为 $0\sim1.5$； $h_t>6$ 时，C 为 $0\sim3.0$	
4	对接和角组合焊缝余高 C		$h_t\leqslant6$ 时，C 为 $0\sim1.5$； $h_t>6$ 时，C 为 $0\sim3.0$	

表 5-26　有疲劳验算要求的钢结构焊缝外观尺寸允许偏差　（单位：mm）

项目	焊缝种类	处观尺寸允许偏差
焊脚尺寸	对接与角接组合焊缝	0 +2.0
	角焊缝	−1.0 +2.0
	手工焊角焊缝 h_f（全长的 10%）	−1.0 +3.0
焊缝高低差	角焊缝	$\leqslant2.0$（任意 25mm 范围高低差）
余高	对接焊缝	$\leqslant2.0$（焊缝宽 $b\leqslant20$）
		$\leqslant3.0$（$b>20$）
余高铲磨后表面	横向对接焊缝	表面不高于母材 0.5
		表面不低于母材 0.3
		粗糙度 50μm

3. 矫正加工精度

钢材矫正后的允许偏差见表 5-27。

表 5-27　钢材矫正后的允许偏差　　　　　　　（单位：mm）

项目		允许偏差	图例
钢板的局部 平面度	$t \leqslant 6$	3.0	
	$6 < t \leqslant 14$	1.5	
	$t > 14$	1.0	
型钢弯曲矢高		$l/1000$，且不应大于 5.0	
角钢肢的垂直度		$b/100$，双肢栓接角钢的 角度不得大于 90°	
槽钢翼缘对腹板的垂直度		$b/80$	
工字钢、H 型钢翼缘板对 腹板的垂直度		$b/100$，且不大于 2.0	

六、对接、组装

（一）对接

1. 对接方法

钢结构工程加工制作中，常常会对角钢和槽钢进行对接，在一般受力不大的钢结构工程中，它们各自的接头方式采用直缝相接，如图 5-58a、图 5-58c 所示。特殊要求的钢结构工程，根据设计要求有时按 45°~60°斜接，如图 5-58b、5-58d 所示。

图 5-58　型钢接头示意图

a）槽钢直接　b）槽钢 45°~60°斜接　c）角钢直接　d）角钢 45°~60°斜接

从两种型钢接头形式的受力强度比较，直接低于斜接。因为一般焊接金属选用焊条的强度大于被焊金属的基本强度。故焊缝长度增加，其强度也随之增加。

2. 型钢对接

（1）型钢标准接头　型钢接头的种类很多，不同规格的型钢和不同位置的接头，要按标准规定正确处理覆板、盖板的连接和尺寸要求。等边角钢、不等边角钢、槽钢和工字钢的标准接头规定见表5-28～表5-31。

表5-28　等边角钢对接接头标准

图例				
角钢	对接接头角钢	接头角钢长 L	空隙 δ	焊缝高 h
$50 \times 50 \times 5$	$50 \times 50 \times 5$	210	8	5
$50 \times 50 \times 6$	$50 \times 50 \times 6$	220	10	6
$60 \times 60 \times 5$	$60 \times 60 \times 5$	230	10	6
$60 \times 60 \times 6$	$60 \times 60 \times 6$	250	10	6
$65 \times 65 \times 6$	$65 \times 65 \times 6$	300	10	6
$65 \times 65 \times 8$	$65 \times 65 \times 8$	330	10	6
$75 \times 75 \times 6$	$75 \times 75 \times 6$	330	10	6
$75 \times 75 \times 8$	$75 \times 75 \times 8$	440	10	6
$80 \times 80 \times 6$	$80 \times 80 \times 6$	370	10	6
$80 \times 80 \times 8$	$80 \times 80 \times 8$	370	10	6
$90 \times 90 \times 8$	$90 \times 90 \times 8$	410	12	8
$90 \times 90 \times 10$	$90 \times 90 \times 10$	500	12	8
$100 \times 100 \times 8$	$100 \times 100 \times 8$	450	12	8
$100 \times 100 \times 10$	$100 \times 100 \times 10$	540	12	8
$100 \times 100 \times 12$	$100 \times 100 \times 12$	520	14	10
$120 \times 120 \times 10$	$120 \times 120 \times 10$	540	14	10
$120 \times 120 \times 12$	$120 \times 120 \times 12$	640	14	10
$130 \times 130 \times 10$	$130 \times 130 \times 10$	570	14	10
$130 \times 130 \times 12$	$130 \times 130 \times 12$	680	14	10
$150 \times 150 \times 12$	$150 \times 150 \times 12$	640	14	12
$150 \times 150 \times 14$	$150 \times 150 \times 14$	750	16	12
$150 \times 150 \times 16$	$150 \times 150 \times 16$	850	16	12
$180 \times 180 \times 14$	$180 \times 180 \times 14$	770	18	14
$180 \times 180 \times 16$	$180 \times 180 \times 16$	890	18	14
$200 \times 200 \times 16$	$200 \times 200 \times 16$	970	20	16
$200 \times 200 \times 18$	$200 \times 200 \times 18$	970	18	14
$200 \times 200 \times 20$	$200 \times 200 \times 20$	1100	20	16
$200 \times 200 \times 24$	$200 \times 200 \times 24$	1270	20	16

表 5-29　不等边角钢对接接头标准

图例	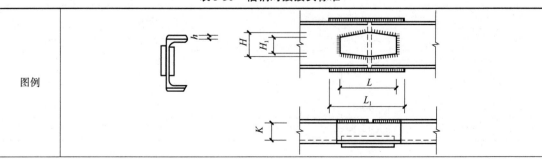			
角钢	对接接头角钢	接头角钢长 L	空隙 δ	焊缝高 h
$60 \times 40 \times 5$	$60 \times 40 \times 5$	240	8	5
$60 \times 40 \times 6$	$60 \times 40 \times 6$	240	10	6
$75 \times 50 \times 6$	$75 \times 50 \times 6$	280	10	6
$75 \times 50 \times 8$	$75 \times 50 \times 8$	360	10	6
$85 \times 55 \times 6$	$85 \times 55 \times 6$	300	10	6
$85 \times 55 \times 8$	$85 \times 55 \times 8$	380	10	6
$90 \times 60 \times 8$	$90 \times 60 \times 8$	340	10	6
$90 \times 60 \times 10$	$90 \times 60 \times 10$	440	10	6
$100 \times 75 \times 8$	$100 \times 75 \times 8$	380	12	8
$100 \times 75 \times 10$	$100 \times 75 \times 10$	460	12	8
$120 \times 80 \times 8$	$120 \times 80 \times 8$	440	12	8
$120 \times 80 \times 10$	$120 \times 80 \times 10$	520	12	8
$130 \times 90 \times 8$	$130 \times 90 \times 8$	480	12	8
$130 \times 90 \times 10$	$130 \times 90 \times 10$	580	12	8
$150 \times 100 \times 10$	$150 \times 100 \times 10$	640	12	8
$150 \times 100 \times 12$	$150 \times 100 \times 12$	760	12	8
$180 \times 120 \times 12$	$180 \times 120 \times 12$	750	14	10
$180 \times 120 \times 14$	$180 \times 120 \times 14$	860	14	10
$200 \times 120 \times 12$	$200 \times 120 \times 12$	800	14	10
$200 \times 120 \times 14$	$200 \times 120 \times 14$	900	14	10
$200 \times 120 \times 16$	$200 \times 120 \times 16$	1040	14	10
$200 \times 150 \times 12$	$200 \times 150 \times 12$	870	16	12
$200 \times 150 \times 16$	$200 \times 150 \times 16$	1150	16	12

表 5-30　槽钢对接接头标准

图例	

（续）

截面号数	水平盖板				垂直盖板				
	盖板厚	宽度 K	长度 L_1	焊缝高度 h	盖板厚	宽度 H	宽度 H_1	长度 L	焊缝高度 h
10	12	35	180	6	6	60	40	130	5
12	12	40	210	6	6	80	40	160	5
14	12	45	230	6	8	90	50	160	6
16	14	50	270	6	8	100	50	200	6
18	14	55	230	8	8	120	60	230	6
20	14	60	250	8	8	140	60	250	6
22	14	65	260	8	8	160	70	280	6
24	16	65	280	8	8	180	80	300	6
27	16	70	340	8	8	200	90	300	6
30	18	70	340	8	8	230	100	330	8
33	18	70	380	8	10	250	110	350	8
36	20	75	360	10	10	270	120	410	8
40	24	80	420	10	12	300	130	430	10

表 5-31　工字钢对接接头标准

图例	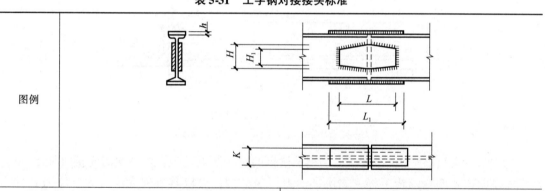

截面号数	水平盖板				垂直盖板				
	盖板厚	宽度 K	长度 L_1	焊缝高度 h	盖板厚	宽度 H	宽度 H_1	长度 L	焊缝高度 h
10	10	55	260	5	6	60	40	120	5
12	12	60	310	5	6	80	40	150	5
14	14	60	320	6	8	90	50	160	6
16	14	65	350	6	8	100	50	190	6
18	14	75	400	6	8	120	60	220	6
20a	16	80	470	6	8	140	60	260	6
22a	16	90	520	6	8	160	70	290	6
24a	16	95	470	8	10	180	80	290	8
27a	18	100	480	8	10	200	90	300	8
30a	18	105	510	8	10	230	100	390	8

（续）

水平盖板					垂直盖板				
截面号数	盖板厚	宽度 K	长度 L_1	焊缝高度 h	盖板厚	宽度 H	宽度 H_1	长度 L	焊缝高度 h
33a	18	110	570	8	10	250	110	410	8
36a	20	110	500	10	12	270	120	360	10
40a	22	110	540	10	12	300	130	440	10
45a	24	120	600	10	12	350	150	540	10
50a	30	125	620	12	14	380	170	480	12
55a	30	125	630	12	14	480	180	590	12
60a	30	135	710	12	14	480	200	660	12

（2）型钢加固对接

1）角钢加固连接。角钢用覆盖板的连接方法如图5-59所示。大多数用于强度要求较高的角钢结构连接。它的连接方式有从角钢的里面和外面进行单面或双面连接。无论从角钢内、外连接，采用角钢覆盖重叠加固，都必须将靠角钢里面的覆盖角钢筋用气割或铲头去掉，否则筋部高出与另一角钢内角相顶，会出现缝隙不严现象。在双层角钢的中间，应垫放一定规格的夹板，拼装时应用U形卡具将缝隙压紧靠严，再进行焊接。

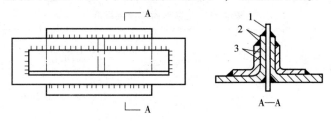

图5-59 角钢覆盖板连接

1—夹板 2—连接角钢 3—加固角钢

2）工字钢、槽钢盖板连接。工字钢及槽钢的对接点处用盖板内外加固连接（图5-60）。对于大型的重要的钢结构工程，如桥梁动力厂房结构，要求具有较大的拉力、压力和冲击力。为增加结构强度起见，型钢接缝处的内外面上可备加固盖板来提高结构强度。

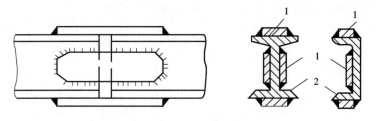

图5-60 工字钢、槽钢接头加固连接

1—盖板 2—型钢

加固盖板的形状有矩形和菱形两种。矩形制作简单，但从受力、传力均匀程度和稳定性来说，还是菱形板较好，因此多采用菱形盖板。

3）钢板盖板连接。在特殊钢结构工程的钢板连接时，如对接不能达到强度要求时，搭接又不允许的情况下，常在同厚度两板对接处采用盖板连接（图5-61）。盖板连接形式有单面和双面连接。图 5-61 为单面加固连接，连接时，两板先加工成 V 形坡口进行焊接，焊肉不能超过钢板的上平面，焊后清除焊渣，焊上加固盖板。

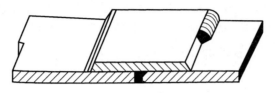

图 5-61 钢板对接盖板加固

4）型钢顶板连接。型钢顶板连接一般用在钢柱的顶端盖板、柱底座板和中间对接夹板结构上（图 5-62）。接装前，应将钢板连接处的型钢断面用砂轮或刨边机加工成平面，再焊接顶板、中间夹板或底座板，这样可减小变形，以保证受力均匀。

5）套管连接。套管连接如图 5-63 所示，多用在管道工程和承架钢管的结构架上，两种套管结构的连接形式都有加强对接强度的作用。

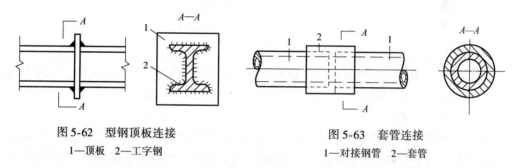

图 5-62 型钢顶板连接
1—顶板 2—工字钢

图 5-63 套管连接
1—对接钢管 2—套管

套管连接若用在承架结构时，内管对接处无须焊接，只将外管两端焊接即可。如果是管道工程，需将内管对接处先焊接。焊接时要求焊缝成型光滑，内部不得存有焊瘤、砂眼和渗漏缺陷，以防介质通过焊瘤发生堵塞及物料渗入加速管道腐蚀。外焊肉高度不得超过钢管的外曲面，如高出时，需用砂轮磨平，以使管卡顺利通过。

（3）型钢混合连接　在钢结构工程中，型钢结构连接形式多种多样，如角钢、槽钢、工字钢等互相连接。型钢连接形式如图 5-64 所示。

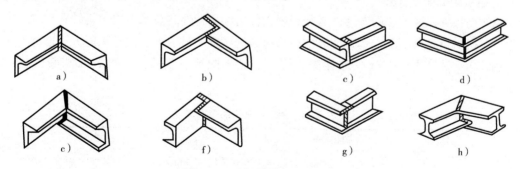

图 5-64 型钢连接形式示意图
a）同规格角钢角接平面斜焊缝 b）同规格角钢角接平面直焊缝 c）槽钢与工字钢不开口角接
d）槽钢上下翼板开斜口角接 e）角钢与槽钢翼板开斜口角接 f）槽钢与角钢开直口角接
g）同规格槽钢直口角接 h）不等高的工字钢综合焊缝角接

3. 角框拼装

矩形内撖角钢框如图 5-65 所示。它是整根角钢分成 3 个或 4 个部分撖制而成的（如 3 个部分撖制应由直角切斜口对缝；4 个部分撖制可在长边切直口对缝）。如果框架的长、宽尺寸不超过 3m 时，可用整根角钢制作。制作时按图样尺寸切口，在切口立面加热，用定位铁定位，向内侧进行撖制，做法如图 5-65 所示。

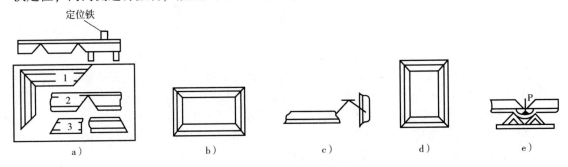

图 5-65　矩形钢框拼装
a）撖制角钢框立面　b）、c）切斜口对接 d）撖制角钢框平面　e）加热撖制
1，2，3—切口拼装

一般角钢和槽钢切口撖直角相同。如果角钢或槽钢面宽不超过 100mm 时，需用氧-乙炔焰加热，如果角钢面宽超过 100mm 时，可在炉内加热，但炉内加热面积不要太大，时间不要太长，否则撖制后难以修整。

无论是使用氧-乙炔焰加热或在炉内加热，在撖制中，由于角钢存在厚度，都会因撖曲受力使其外弧产生拉伸增长而出现圆角。因此，用上述两种加热方法撖制时，均要用不太钝的压弧锤在切口处击打（图 5-65e），以缩小较大圆弧角。撖完后可趁角钢尚有余热，再用衬平锤在圆钢角部位修整，并用直角尺检查，以保持立面与平面垂直。

如果角钢框和槽钢尺寸太长时，可按尺寸分段切割，在拼装平台上放出底样，用挡铁定位，进行组合拼装。

（二）组装

1. 组装加工常用方法

钢结构构件组装方法的选择，必须根据构件的结构特性和技术要求，再结合制造厂的加工能力、机械设备等情况，选择能有效控制组装的精度、耗工少、效益高的方法进行。

钢结构组装常用的方法有地样法、仿形复制装配法、立装法、卧装法和胎膜装配法（表 5-32）。

表 5-32　钢结构常用组装方法

名称	装配方法	适用范围
地样法	用 1:1 比例在装配平台上放构件实样，然后根据零件在实样上的位置，分别组装起来成为构件	桁架、屋架、框架等少批量结构组装（图 5-66）
仿形复制装配法	先用地样法组装成单面（单片）的结构，并且必须定位点焊，然后翻身作为复制胎模，在上装配另一单面的结构，往返 2 次组装	横断面互为对称的桁架结构（图 5-67）

（续）

名称	装配方法	适用范围
立装法	根据构件的特点及其零件的稳定位置，选择自上而下或自下而上的装配	放置平稳且高度不大的结构或大直径圆筒（图5-68）
卧装法	构件放置卧的位置的装配	断面不大，但长度较大的细长构件（图5-69）
胎膜装配法	把构件的零件用胎模定位在其装配位置上的组装，这种方法必须注意在拼装时各种加工余量	制造构件批量大、精度高的产品

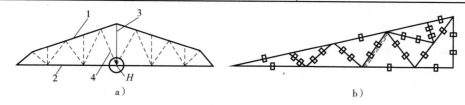

图 5-66　屋架组装示意图

a）组装底样　b）屋架组装

H—起拱抬高位置

1—上弦　2—下弦　3—立撑　4—斜撑

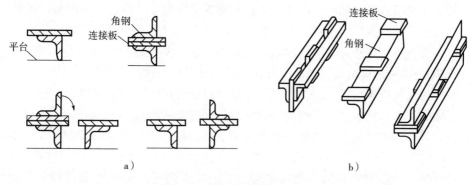

图 5-67　屋架仿效组装示意图

a）仿形过程　b）复制的实物

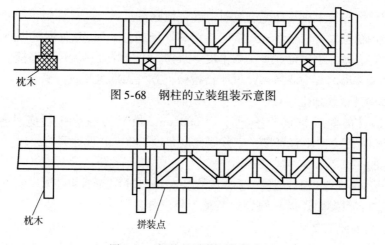

图 5-68　钢柱的立装组装示意图

图 5-69　钢柱的卧装组装示意图

（1）地样法组装　也叫划线组装，是钢结构组装中最简便的装配方法。它是根据图纸划出各组装零件具体装配定位的基准线，然后再进行零件相互之间的装配。这种组装方法只适用于少批量零部件的组装。

（2）胎模组装法　是目前制作大批量构件组装中普遍采用的组装方法之一，其特点是装配质量高、工效快。它的具体操作是用胎模把各零部件固定在其装配的位置上，然后焊接定位，使其一次性成型。它所需要的胎模必须是一个完整的、不再变形的整体结构，它是根据施工图上的构件按照1:1的比例实样制造成的，其零部件实位靠模加工精度与构件的精确度相符合，甚至要高于构件的精确度，胎模制造好以后，应在离地800mm左右的位置上架设，或者是在其他人们操作的最佳位置。

2. 组装加工要点

（1）焊接H型钢及H型钢组装加工要点

1）组装应按工艺方法的组装次序进行，通常先组装主要结构的零件，按照从内向外或从里向表的装配次序。当有隐蔽焊缝时，必须先施焊，经检验合格后方可覆盖。当复杂部位不易施焊时，亦须按工序次序分别先后组装和施焊。严禁不按次序组装和强力组对。

2）钢起重机梁的下翼缘不得焊接工装夹具、定位板、连接板等临时工件。钢起重机梁和起重机桁架组装、焊接完成后在自重荷载下不允许有下挠。

3）对于非密闭的隐蔽部位，应按施工图的要求进行涂层处理后，方可进行组装。

4）为保证组装外观尺寸的精确度，有角度的梁组装时应采用地样或胎具装配法。

5）对构件进行切割修边时，气割切割边缘应保证切割面的直线度及垂直度，气割后割渣应清理干净之后再进行组装，以确保连接位置尺寸的精确度。

6）带孔的连接板进行组装时，要以孔定位，以保证在工地顺利安装。

7）组装应根据焊缝质量要求严格控制零部件间组装的间隙。

8）定位焊必须由持相应合格证的作业人员施焊，定位焊焊缝应与最终焊缝有相同的质量要求。

9）钢衬垫的定位焊宜在接头坡口内焊接，定位焊焊缝厚度不宜超过设计焊缝厚度的2/3，定位焊箍长度宜大于40mm，间距500～600mm，并应填满弧坑，定位焊预热温度应高于正式施焊预热温度。

10）当定位焊焊缝上有气孔或裂纹时，必须清除后重焊。

11）组装焊缝位置要求全熔透焊接时，钢材厚度超过8mm需对钢材焊缝对应位置开坡口，坡口表面应清理干净，无割渣、氧化皮等杂物，定位焊宜在坡口内焊接。

12）胎具及装出的首个成品须经过严格检验，方可大批组装。

（2）箱型构件组装加工要点

1）箱型构件的侧板拼接长不应小于600mm，相邻两侧板拼接缝的间距不宜小于200mm，侧板在宽度方向不宜拼接，当截面宽度超过2400mm且确需拼接时，最小拼接宽度不宜小于板宽的1/4。

2）箱型构件箱体人工组装应按工艺方法的组装次序进行，通常组装顺序如图5-70所示。

其余加工要点可参照焊接H型钢组装加工相应要点。

（3）型钢组装加工要点

1）热轧型钢可采用直口全熔透焊接拼接，其拼接长度不应小于2倍截面高度且不应小

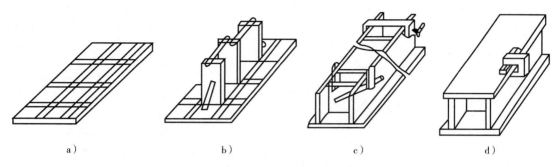

图 5-70 箱型柱或梁的组装

a）箱型柱或梁的底板（下面板） b）装置向隔板 c）加侧立板 d）装顶板（上面板）

于 600mm。动载或设计有疲劳验算要求的应满足设计要求。

2）除采用卷制方式加工成型的钢管外，钢管接长时每个节间宜为一个接头，最短接长长度应符合下列规定：

①当钢管直径 $d \leqslant 800$mm 时，不小于 600mm。

②当钢管直径 $d > 800$mm 时，不小于 1000mm。

3）钢管接长时，相邻管节或管段的纵向焊缝应错开，错开的最小距离（沿弧长方向）不应小于 5 倍的钢管壁厚。主管拼接焊缝与相贯的支管焊缝间的距离不应小于 80mm。

（4）桁架加工要点

1）桁架组装时，无论弦杆或腹杆，都应先单支拼配焊接矫正，然后再进行大拼装。

2）桁架的拼装分为胎模装配法和复制法两种。前者较为精确，后者则较快；前者适合大型桁架，后者适合一般中小型桁架。

3）放拼装胎模时放出收缩量，一般放至上限（跨度 $L \leqslant 24$m 时放 5mm，$L > 24$m 时放 8mm）。

4）对跨度大于等于 18m 的梁和桁架，应按设计要求起拱；对于设计没有做起拱要求的，但由于上弦焊缝较多，可以少量起拱（10mm），以防下挠。

3. 组装加工精度

（1）焊接 H 型钢组装精度 焊接 H 型钢组装的允许偏差见表 5-33。

表 5-33 焊接 H 型钢允许偏差 （单位：mm）

项目		允许偏差	图例
截面高度 h	$h < 500$	±2.0	
	$500 \leqslant h \leqslant 1000$	±3.0	
	$h > 1000$	±4.0	
截面高度 b		±3.0	
腹板中心偏移		2.0	

（续）

项目		允许偏差	图例
翼缘板垂直度 Δ		b/100，且不应大于 3.0	
弯曲矢高（受压构件除外）		l/1000，且不应大于 10.0	—
扭曲		h/250，且不应大于 5.0	—
腹板局部平面度 f	t≤6	4.0	
	6<t<14	3.0	
	t≥14	2.0	

注：l 为 H 型钢长度。

（2）焊接连接组装精度　焊接连接组装尺寸的允许偏差见表 5-34。

表 5-34　焊接连接组装尺寸的允许偏差　　　　（单位：mm）

项目		允许偏差	图例
对口错边 Δ		t/10，且不大于 3.0	
间隙 a		1.0	
搭接长度 a		±5.0	
缝隙 Δ		1.5	
高度 h		±2.0	
垂直度 Δ		b/100，且不应大于 3.0	
中心偏移 e		2.0	
型钢错位 Δ	连接处	1.0	
	其他	2.0	

（续）

项目	允许偏差	图例
箱形截面高度 h	±2.0	
宽度 b	±2.0	
垂直度 Δ	b/200，且不应大于 3.0	

（3）桁架结构组装精度　桁架结构组装时，杆件轴线交点偏移不宜大于 4.0mm。

（4）端部铣平及顶紧接触面精度　端部铣平的允许偏差见表 5-35。设计要求顶紧的接触面应有 75% 以上的面积密贴，且边缘间隙不应大于 0.8mm。

表 5-35　端部铣平的允许偏差　　　　（单位：mm）

项目	允许偏差
两端铣平时构件长度	±2.0
两端铣平时零件长度	±0.5
铣平面的平面度	0.3
铣平面对轴线的垂直度	$l/1500$

注：l 为构件（杆件）长度。

（5）钢构件外形尺寸精度　钢构件外形尺寸允许偏差见表 5-36～表 5-44。

表 5-36　钢构件外形尺寸主控项目的允许偏差　　　　（单位：mm）

项目	允许偏差
单层柱、梁、桁架受力支托（支承面）表面至第一个安装孔距离	±1.0
多节柱铣平面至第一安装孔距离	±1.0
实腹梁两端最外侧安装孔距离	±3.0
构件连接处的截面几何尺寸	±3.0
柱、梁连接处的腹板中心线偏移	2.0
受压构件（杆件）弯曲矢高	$l/1000$，且不应大于 10.0

注：l 为构件（杆件）长度。

表 5-37　单节钢柱外形尺寸的允许偏差　　　　（单位：mm）

项目	允许偏差	检查方法	图例
柱底面到柱端与桁架连接的最上一个安装孔距离 l	$l/1500$，且不超过 ±15.0	用钢尺检查	
柱底面到牛腿支承面距离 l_1	$l_1/2000$，且不超过 ±8.0		
牛腿面的翘曲 Δ	2.0	用拉线、直角尺和钢尺检查	
柱身弯曲矢高	$H/1200$，且不大于 12.0		

（续）

项目		允许偏差	检查方法	图例
柱身扭曲	牛腿处	3.0	用拉线、吊线和钢尺检查	—
	其他处	8.0		
柱截面几何尺寸	连接处	±3.0	用钢尺检查	
	非连接处	±4.0		
翼缘对腹板的垂直度	连接处	1.5	用直角尺和钢尺检查	
	非连接处	$b/100$，且不大于5.0		
柱脚底板平面度		5.0	用1m直尺和塞尺检查	—
柱脚螺栓孔中心对柱轴线的距离 a		3.0	用钢尺检查	

表5-38 多节钢柱外形尺寸的允许偏差　　　　（单位：mm）

项目		允许偏差	检查方法	图例
一节柱高度 H		±3.0	用钢尺检查	
两端最外侧安装孔距离 l_3		±2.0		
铣平面到每一排安装距离		±1.0		
柱身弯曲矢高		$H/1500$，且不大于5.0	用拉线和钢尺检查	
一节柱的柱身扭曲		$h/250$，且不大于5.0	用拉线、吊线和钢尺检查	
牛腿端孔到柱轴线距离 l_2		±3.0	用钢尺检查	
牛腿的翘曲或扭曲 Δ	$l_2 \leq 1000$	2.0	用拉线、直角尺和钢尺检查	
	$l_2 > 1000$	3.0		
柱截面几何尺寸	连接处	±3.0	用钢尺检查	
	非连接处	±4.0		
柱脚底板平面度		5.0	用1m直尺和塞尺检查	
翼缘板对腹板的垂直度	连接处	1.5	用直角尺和钢尺检查	
	其他处	$b/100$，且不大于3.0		

（续）

项目	允许偏差	检查方法	图例
柱脚螺栓孔中心对柱轴线的距离 a	3.0	用钢尺检查	
箱形截面连接处对角线差	3.0		
箱型、十字形柱身板垂直度	$h(b)/150$，且不大于 5.0	用直角尺和钢尺检查	

表 5-39　复杂截面钢柱外形尺寸的允许偏差　　（单位：mm）

项目		允许偏差		图例
双箱体	箱形截面高度 h（连接处）	±4.0		
	箱形截面高度 h（非连接处）	+0.8 / −4.0		
	翼板宽度 b	±2.0		
	腹板间距 b_0	±3.0		
	翼板间距 h_0	±3.0		
	垂直度 Δ	$h/150$，且不大于 6.0		
三箱体	箱形截面尺寸 h（连接处）	±4.0		
	箱形截面尺寸 h（非连接处）	+8.0 / −4.0		
	翼板宽度 b	±2.0		
	腹板间距 b_0	±3.0		
	翼板间距 h_0	±3.0		
	垂直度 Δ	不大于 6.0		
特殊箱体	箱形截面尺寸 h（连接处）	±5.0		
	箱形截面尺寸 h（非连接处）	+12 / −5.0		
	腹板间距 b_0	±3.0		
	翼板间距 h_0	±3.0		
	垂直度 Δ	$h/150$，且不大于 5.0		
	箱形截面尺寸 b	±2.0		

表 5-40　焊接实腹钢梁外形尺寸的允许偏差　　　（单位：mm）

项目		允许偏差	检验方法	图例
梁长度	端部有凸缘支座板	0 －5.0	用钢尺检查	
	其他形式	$\pm l/2500$，且不 超过 ± 5.0		
端部高度	$h \leqslant 2000$	± 2.0		
	$h > 2000$	± 3.0		
拱度	设计要求起拱	$\pm l/5000$	用拉线和钢尺检查	
	设计未要求起拱	10 －5.0		
侧弯矢高		$l/2000$， 且不大于 10.0		
扭曲		$h/250$， 且不大于 10.0	用拉线、吊线和钢尺检查	
腹板局部平面度	$t \leqslant 6$	5.0	用 1m 直尺和塞尺检查	
	$6 < t < 14$	4.0		
	$t \geqslant 14$	3.0		
翼缘板对腹板的垂直度		$b/100$， 且不大于 3.0	用直角尺和钢尺检查	—
起重机梁上翼缘与轨道接触面平面度		1.0	用 200mm、1m 直尺和塞尺检查	—
箱形截面对角线差		3.0	用钢尺检查	
箱形截面两腹板至翼缘板中心线距离 a	连接处	1.0		
	其他处	1.5		
梁端板的平面度（只允许凹进）		$h/500$，且不大于 2.0	用直角尺和钢尺检查	—
梁端板与腹板的垂直度		$h/500$，且不大于 2.0	用直角尺和钢尺检查	—

表 5-41　钢桁架外形尺寸的允许偏差　　　　　　　　　　　（单位：mm）

项目		允许偏差	检验方法	图例
桁架最外端两个孔或两端支承面最外侧距离 l	$l \leqslant 24\text{m}$	$+3.0$ -7.0	用钢尺检查	
	$l > 24\text{m}$	$+5.0$ -10.0		
桁架跨中高度		± 10.0		
桁架跨中拱度	设计要求起拱	$\pm l/5000$	用拉线和钢尺检查	
	设计未要求起拱	$+10$ -5.0		
相邻节间弦杆弯曲		$\pm l_1/1000$		
支承面到第一个安装孔距离 a		± 1.0	用钢尺检查	铣平顶紧支承面
檩条连接支座间距		± 3.0		

表 5-42　钢管构件外形尺寸的允许偏差　　　　　　　　　（单位：mm）

项目	允许偏差	检验方法	图例
直径 d	$\pm d/250$，且不超过 ± 5.0	用钢尺检查	
构件长度 l	± 3.0		
管口圆度	$d/250$，且不大于 5.0		
管端面管轴线垂直度	$d/500$，且不大于 3.0	用角尺、塞尺和百分表检查	
弯曲矢高	$l/1500$，且不大于 5.0	用拉线和钢尺检查	
对口错边	$t/10$，且不大于 3.0		

注：对矩形管，d 为长边尺寸。

表 5-43　墙架、檩条、支撑系统钢构件外形尺寸的允许偏差　　（单位：mm）

项目	允许偏差	检验方法
构件长度 l	± 4.0	用钢尺检查
构件两端最外侧安装孔距离 l_1	± 3.0	

（续）

项目	允许偏差	检验方法
构件弯曲矢高	$l/1000$，且不大于 10.0	用拉线和钢尺检查
截面尺寸	$+5.0$ -2.0	用钢尺检查

表 5-44　钢平台、钢梯和防护钢栏杆外形尺寸的允许偏差　　（单位：mm）

项目	允许偏差	检验方法	图例
平台长度和宽度	±5.0	用钢尺检查	
平台两对角线差 $\mid l_1 - l_2 \mid$	6.0		
平台支柱高度	±3.0		
平台支柱弯曲矢高	5.0	用拉线和钢尺检查	
平台表面平面度（1m 范围内）	6.0	用 1m 直尺和塞尺检查	
梯梁长度 l	±5.0	用钢尺检查	
钢梯宽度 b	±5.0		
钢梯安装孔距离 a	±3.0		
钢梯纵向挠曲矢高	$l/1000$	用拉线和钢尺检查	
踏步（棍）间距 a_1	±3.0	用钢尺检查	
栏杆高度	±3.0	用钢尺检查	
栏杆立柱间距	±5.0		

七、手工焊接

（一）手工焊接常用方式和方法

1. 手工焊接常用方式

手工焊接常用的焊接方式有平焊、立焊、横焊和仰焊。

（1）平焊　平焊时，熔滴主要靠自重过渡，操作技术容易掌握，允许用较大直径焊条和电流，生产率较高。熔渣和铁水易出现分不清现象或熔渣超前形成夹渣。由于焊接参数和操作不当，第一层焊缝易造成焊瘤或未焊透。单面焊双面成形时，易产生透度不均、背面成形不良的问题。采用平焊方式时操作要点：

1）选择适合的焊接工艺、焊接电流、焊接速度、焊接电弧长度等，通过焊接试验验证。

2）焊接电流是根据焊件厚度、焊接层次、焊条牌号、直径、焊工的熟练程度等因素选择的。

3）焊接速度要求等速焊接，保证焊缝高度、宽度均匀一致，从面罩内看熔池中的铁水与熔渣保持等距离（2～4mm）为宜。

4）焊接电弧长度根据所用焊条的牌号不同而确定，一般要求电弧长度稳定不变，酸性焊条以 4mm 长度为宜，碱性焊条以 2～3mm 为宜。

5）焊条角度根据两焊件的厚度确定。焊条角度有两个方向，第一是焊条与焊接前进方向的夹角为 60°～75°，如图 5-71a 所示；第二是焊条与焊件左右侧夹角，有两种情况，当两焊件厚度相等时，焊条与焊件的夹角均为 45°，如图 5-71b 所示；当两焊件厚度不等时，如图 5-71c 所示，焊条与较厚焊件一侧的夹角应大于焊条与较薄焊件一侧的夹角。

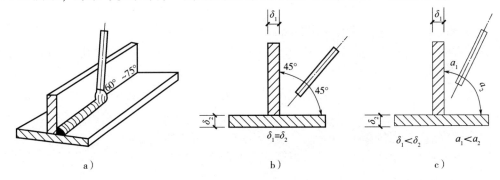

图 5-71　平焊焊条角度
a）焊条与前进方向夹角　b）焊条与焊件左右侧夹角（相等）
c）焊条与焊件左右侧夹角（不等）

6）起焊。在焊缝起点前方 15～20mm 处的焊道内引燃电弧，将电弧拉长 4～5mm，对母材进行预热后带回到起焊点，把熔池填满到要求的厚度后方可开始向前施焊。焊接过程中由于换焊条等因素起弧再施焊，其接头方法与起焊方法相同。只是要先把熔池上的熔渣清除干净方可引弧。

7）收弧。每条焊缝到末尾应将弧坑填满后，往焊接方向的相反方向带弧，使弧坑甩在焊道里边，以防弧坑咬肉。

8）清渣。整条焊缝焊完后清除熔渣，经焊工自检确无问题后才可转移地点继续焊接。

（2）立焊　在立焊时，由于焊条的熔滴和熔池内金属容易下淌，操作困难。因此操作时应采用较细直径的焊条、较小的电流和短弧焊接。正确选用焊条角度，如对接立焊时，焊条角度左右方向各为 90°与下方垂直平面成 60°～80°。运条方法应根据接头形式和熔池温度灵活运用。

采用立焊方式时操作要点：

1）在相同条件下，焊接电流小 10%～15%。

2）采用短弧焊接，弧长一般为 2～4mm。

3）焊条角度根据焊件厚度确定。两焊接件厚度相等，焊条与焊件左右方向夹角均为 45°，如图 5-72a 所示。两焊件厚度不等时，焊条与较厚焊件一侧的夹角应大于较薄一侧，如图 5-72b 所示。焊条应与垂直面呈 60°～80°，如图 5-72c 所示，使电弧略向上，吹向熔池中心。

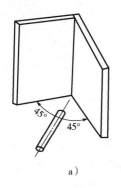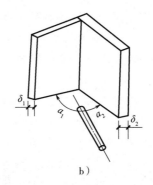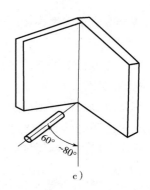

图 5-72　立焊焊条角度
a）焊件厚度相等　b）焊件厚度不等　c）焊条与垂直面形成角度

（3）横焊　采用横焊方式时操作要点：

1）横焊时，由于熔化金属受重力作用下流至坡口上，形成未熔合和层间夹渣。因此，应采用较小直径的焊条和短弧施焊。

2）横焊基本与平焊相同，焊接电流比同条件的平焊的电流小 10% ~ 15%，电弧长度为 2 ~ 4mm。

3）横焊焊条应向下倾斜，焊条角度为 70° ~ 80°，防止铁水下坠。

4）根据两焊件的厚度不同，可适当调整焊条角度。

5）焊条与焊接前进方向为 70° ~ 90°。

6）在坡口上边缘易形成咬肉，下边缘易形成下坠。操作时应在坡口上边缘少停稳弧动作，并以选定的焊接速度焊至坡口下边缘，做微小的横拉稳弧动作，然后迅速带至上坡口，如此匀速进行。

（4）仰焊　仰焊基本与立焊、横焊相同。其焊条与焊件的夹角与焊件的厚度有关。

采用仰焊方式时操作要点：

1）焊条与焊接方向呈 70° ~ 80°，且用小电流短弧焊接。

2）进行开坡口仰脸对接焊时，一般采用多层焊或多层多道焊。焊第一层时，采用 $\phi 3.2$ 的焊条和直线形或直线往返形运条法。在开始焊时，应用长弧预热起焊处（预热时间与焊接厚度、钝边及间隙大小有关），烤热后，迅速压短电弧于坡口根部，稍停 2 ~ 3s，以便焊透根部，然后将电弧向前移动进行施焊。施焊时，在保证焊透的前提下，焊条沿焊接方向移动的速度应该尽可能快一些，以防烧穿及熔化金属下淌。第一层焊缝表面要求平直，避免呈凸形。焊第二层时，应将第一层的熔渣及飞溅金属清除干净，并将焊瘤铲平，第二层以后的运条方法均可采用月牙或锯齿形运条法。运条时两侧应稍停一下，中间快一些，以形成较薄的焊道。

用多层多道焊时，可采用直线形运条法。各层焊缝的排列顺序与其他位置的焊缝一样，焊条角度应根据每道焊缝的位置作相应的调整，以利于熔滴的过渡和获得较好的焊缝成形。

3）仰焊采用弧条电弧时，由于熔池金属倒悬在焊件下面，没有固体金属的承托，所以焊缝成形困难。同时，施焊中常发生熔渣越前的现象。因此，仰焊时必须保持最短的电弧长，以使熔滴在很短时间内过渡到熔池中，在表面张力的作用下，很快与熔池的液体金属汇合，促使焊缝成形。此外，为了减小熔池面积，要选择比平焊时还小的焊条直径和焊接电流。若电流与焊条直径太大，致使熔池体积增大，易造成熔池金属向下淌落；如果电流太小，则根部不易焊透，易产生夹渣及焊缝不良等缺陷。

2. 手工焊接常用方法

钢结构手工焊接常用到的方法有手工电弧焊（图5-73）和CO_2气体保护焊（图5-74）。手工焊接常用于现场环境条件不能使用自动、半自动焊或用自动、半自动焊不方便时，以及钢结构组装后零部件的焊接。

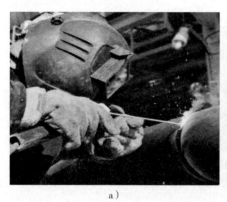
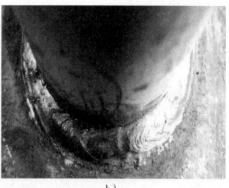

a）　　　　　　　　　　　　　b）

图5-73　手工电弧焊
a）手工电弧焊焊接钢管　b）手工电弧焊焊缝

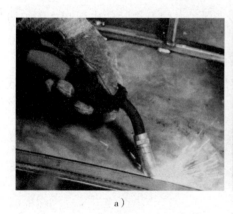

a）　　　　　　　　　　　　　b）

图5-74　CO_2气体保护焊
a）气体保护焊焊接钢板　b）气体保护焊焊缝

（二）手工焊接优缺点

1. 手工电弧焊的优缺点

（1）手工电弧焊的优点

1）设备简单，价格便宜，维护方便。焊接操作时不需要复杂的辅助设备，只需要配备简单的辅助工具，方便携带。

2）不需要辅助气体防护，并且具有较强的抗风能力。

3）操作灵活，适应性强，凡焊条能够到达的地方都能进行焊接。焊条电弧焊适于焊接单件或小批量工件，以及不规则的、任意空间位置和不易实现机械化焊接的焊缝。

4）应用范围广，可以焊接工业应用中的大多数金属和合金，如低碳钢、低合金结构钢、不锈钢、耐热钢、低温钢、铸铁、铜合金、镍合金等。此外，焊条电弧焊还可以进行异种金属的焊接、铸铁的补焊及各种金属材料的堆焊。

5）手工焊有药皮保护，药皮中含有脱碳的元素，可以减少碳的含量。

6）使用方便灵活，用于多品种、小批量的焊接件最为经济，在许多安装焊接和修补焊接中还不能为其他焊接方法所取代。

（2）手工电弧焊的缺点

1）依赖性强。手工电弧焊的焊缝质量除了可以通过调节焊接电源、焊条、焊接工艺参数外，还依赖于焊工的操作技巧和经验。因此焊工必须接受严格培训，方能从事此种焊接工作。

2）焊工劳动强度大，劳动条件差。焊接时，焊工始终在高温烘烤和有毒烟尘环境中进行手工操作及眼睛观察。

3）生产效率低。与自动化焊接方法相比，手工电弧焊使用的焊接电流较小，而且需要经常更换焊条。

4）不适于焊接薄板和特殊金属。手工电弧焊的焊接工件厚度一般在 1.5mm 以上，1mm 以下的薄板不适于手工电弧焊。

5）手工电弧焊容易夹渣。

2. 气体保护焊优缺点

气体保护焊（简称气电焊），是用外加气体来保护电焊及熔池的电弧焊。钢结构焊接外加气体常用 CO_2。

（1）CO_2 气体保护焊的优点

1）CO_2 气体成形好，焊接速度快，不用换焊条，节省时间，提高效率（焊接效率是手工电焊的三倍以上）。

2）CO_2 气体保护焊残余应力小，变形小。

3）CO_2 气体保护焊焊缝抗锈能力强，含氢量低，冷裂纹倾向小。

4）CO_2 气体保护焊焊缝连续，引弧点少，不易产生熔透、裂纹等现象。

5）CO_2 气体保护焊无焊渣。

6）CO_2 气体便宜，成本低。

7）CO_2 气体保护焊对操作技术人员水平要求较低，易上手。

8）CO_2 气体保护焊型号多，选型较宽。

（2）CO_2 气体保护焊的缺点

1）CO_2 气体保护焊飞溅大，在焊接过程中 CO_2 气体分解生成碳，使焊缝中含碳量增大，还易生成气孔等缺陷。

2）CO_2 气体保护焊由于电流密度大，电弧温度高，弧光辐射比手工电弧焊强得多，应特别注意加强安全防护，防止电光性眼炎及裸露皮肤灼伤。

3）CO_2 气体保护焊不仅产生烟雾和金属粉尘，而且还产生 CO、NO_3 等有害气体。

4）对工件的坡口、装配间隙要求都较严格，焊接规范的选择也较严格。

（三）焊接要点

1）焊接材料与母材应匹配，符合设计文件和要求及国家现行标准的规定。

2）焊接材料在使用前，应按其产品说明书及焊接工艺文件的规定进行烘焙和存放。

3）焊工必须持证上岗，持证焊工必须在其焊工合格证书规定的认可范围内施焊，严禁无证焊工施焊。

4）对焊接坡口及其表面区域的水分和油污应进行清理，可以用氧-乙炔火焰加热的方法清除，但注意在加热过程中不允许温度过高以免损伤母材。

5）焊缝应根据设计要求的等级进行施焊。设计要求的一、二级焊缝应进行内部缺陷的无损检测，一、二级焊缝的质量等级和检测要求应符合表 5-20 的规定。

6）焊后产生裂缝或焊缝达不到设计要求的等级时，必须对焊缝进行返修处理。

（四）焊缝精度

焊缝外观质量要求应符合表 5-21 和表 5-22 的规定。

（五）手工焊接缺陷产生的原因及防止措施

手工焊接缺陷产生的原因及防止措施见表 5-45 和表 5-46。

表 5-45　手工电弧焊接缺陷产生的原因及防止措施

缺陷种类	产生原因	防止措施
气孔	1. 焊条不良或潮湿 2. 焊件有水分、油污或锈 3. 焊接速度太快 4. 电流太强 5. 电弧长度不适合 6. 焊件厚度大，金属冷却过速	1. 选用适当的焊条并注意烘干 2. 焊接前清洁被焊部分 3. 降低焊接速度，使内部气体容易逸出 4. 使用厂商建议且适当的电流 5. 调整适当的电弧长度 6. 施行适当的预热工作
咬边	1. 电流太强 2. 焊条不适合 3. 电弧过长 4. 操作方法不当 5. 母材不洁 6. 母材过热	1. 使用较低电流 2. 选用适当种类及大小的焊条 3. 保持适当的弧长 4. 采用正确的角度、较慢的速度、较短的电弧及较窄的运行法 5. 清除母材油渍或锈 6. 使用直径较小的焊条
夹渣	1. 前层焊渣未完全清除 2. 焊接电流太低 3. 焊接速度太慢 4. 焊条摆动过宽 5. 焊缝组合及设计不良	1. 彻底清除前层焊渣 2. 采用较高电流 3. 提高焊接速度 4. 减小焊条摆动宽度 5. 调整适当坡口角度及间隙
未焊透	1. 焊条选用不当 2. 电流太低 3. 焊接速度太快温度上升不够，又运行速度太慢，电弧冲力被焊渣所阻挡，不能给予母材 4. 焊缝设计及组合不正确	1. 选用较具渗透力的焊条 2. 使用适当电流 3. 改用适当焊接速度 4. 增加开槽度数，增大间隙，并减小根深

（续）

缺陷种类	产生原因	防止措施
裂纹	1. 焊件含有过高的碳、锰等合金元素 2. 焊条品质不良或潮湿 3. 焊缝拘束应力过大 4. 母条材质含硫过高不适于焊接 5. 施工准备不足 6. 母材厚度较大，冷却过速 7. 电流太强 8. 首道焊道不足以抵抗收缩应力	1. 使用低氢系焊条 2. 使用适宜焊条，并注意干燥 3. 改良结构设计，注意焊接顺序，焊接后进行热处理 4. 避免使用不良钢材 5. 焊接时需考虑预热或后热 6. 预热母材，焊后缓冷 7. 使用适当电流 8. 首道焊接的焊道须充分抵抗收缩应力
变形	1. 焊接层数太多 2. 焊接顺序不当 3. 施工准备不足 4. 母材冷却过速 5. 母材过热（薄板） 6. 焊缝设计不当 7. 焊着金属过多 8. 拘束方式不确实	1. 使用直径较大的焊条及较高电流 2. 改正焊接顺序 3. 焊接前，使用夹具将焊件固定以免发生翘曲 4. 避免母材冷却过速或预热母材 5. 选用穿透力低的焊材 6. 减少焊缝间隙，减少开槽度数 7. 注意焊接尺寸，不使焊道过大 8. 注意采用防止变形的固定措施
搭叠	1. 电流太低 2. 焊接速度太慢	1. 使用适当的电流 2. 使用适合的速度
焊道外观形状不良	1. 焊条不良 2. 操作方法不适 3. 焊接电流过高，焊条直径过大 4. 焊件过热 5. 焊道内，熔填方法不良	1. 选用适当大小、良好的干燥焊条 2. 采用均匀适当的速度及焊接顺序 3. 选用适当电流及适当直径的焊条 4. 降低电流 5. 多加练习
凹痕	1. 使用焊条不当 2. 焊条潮湿 3. 母材冷却过速 4. 焊条不洁及焊件有偏析 5. 焊件含碳、锰成分过高	1. 使用适当焊条，如无法消除时用低氢型焊条 2. 使用干燥过的焊条 3. 降低焊接速度，避免急冷，最好施以预热或后热 4. 使用良好的低氢型焊条 5. 使用盐基度较高焊条
偏弧	1. 在直流电焊时，焊件所产生磁场不均，使电弧偏向 2. 接地线位置不佳 3. 焊枪拖曳角太大 4. 焊丝伸出长度太短 5. 电压太高，电弧太长 6. 电流太大 7. 焊接速度太快	1. 电弧偏向一方置一地线；正对偏向一方焊接；采用短电弧；改正磁场使其均匀；改用交流电焊 2. 调整接地线位置 3. 减小焊枪拖曳角 4. 增长焊丝伸出长度 5. 降低电压及电弧 6. 调整使用适当的电流 7. 降低焊接速度

（续）

缺陷种类	产生原因	防止措施
烧穿	1. 在有开槽焊接时，电流过大 2. 因开槽不良焊缝间隙太大	1. 降低电流 2. 减小焊缝间隙
焊泪	1. 电流过大，焊接速度太慢 2. 电弧太短，焊道高 3. 焊丝对准位置不适当（角焊时）	1. 选用适当电流及焊接速度 2. 增加电弧长度 3. 焊丝不可离交点太远
火花飞溅过多	1. 焊条不良 2. 电弧太长 3. 电流太高或太低 4. 电弧电压太高或太低 5. 焊机情况不良	1. 采用干燥且合适的焊条 2. 使用较短的电弧 3. 使用适当的电流 4. 调整适当的电压 5. 焊机平日注意保养、修理

表 5-46　气体保护焊接缺陷产生的原因及防止措施

缺陷种类	产生原因	防止措施
气孔	1. 气体不流动 2. 气体内是否混入空气 3. 环境风速过大 4. 焊嘴上沾有飞溅 5. 气体质量不好 6. 焊接部位污染 7. 焊嘴与母材间距过大	1. 流量调整适当（20～25L/min），瓶内气体保证充足 2. 软管上不能漏气，连接处扎紧 3. 风速在2m/s以上的地方，要求采取防风措施（如电风扇，门窗外来的风也应考虑） 4. 除去飞溅（研制飞溅沾着防止剂） 5. 气体质量要符合规定要求 6. 焊接部位清理干净，不要有油、锈、水、污物、油漆等杂质 7. 一般为10～25mm，按使用的电流、焊嘴的直径大小来选择调整
夹渣	1. 前层焊缝焊渣去除不干净 2. 小电流低速焊时熔敷过多 3. 采用左焊法焊接时，熔渣流到熔池前面 4. 焊枪摆动过大，使熔渣卷入熔池内部	1. 认真清理每一层焊渣 2. 调整焊接电流与焊接速度 3. 改进操作方法使焊缝稍有上升坡度，使熔渣流向后方 4. 调整焊枪摆动量，使熔渣浮到熔池表面
电弧不稳定	1. 焊嘴尺寸规格不适 2. 焊嘴磨损 3. 焊丝的进给不稳定 4. 电源电压的变动 5. 焊嘴与母材之间的距离是否过大 6. 焊接电流过低 7. 接地不稳定	1. 采用适合于焊丝尺寸的焊嘴 2. 检查焊嘴的穴不要过大，而导致通电作用不准 3. 焊丝不能纠缠在一起，焊丝滚轴的转动要平稳，滚筒的尺寸要合适，加压滚筒要扎紧，导线管的弯曲不要过大，进给要适当 4. 一次输入电压的极端要保证不变动 5. 焊嘴与母材之间的距离一般为所使用的焊丝直径的10～15倍 6. 要采用适合于焊丝直径的电流值 7. 接地的地方要彻底（母材上的锈、油漆、污物会引起接地不彻底）

（续）

缺陷种类	产生原因	防止措施
焊丝焊着焊嘴	1. 焊嘴与母材之间的距离不合适 2. 起弧的方法不当 3. 焊嘴不佳	1. 焊嘴与母材之间的距离一般为使用焊丝直径的10～15倍 2. 焊丝避免碰到母材而引弧 3. 就焊丝直径而言，焊嘴的尺寸要适宜
飞溅多	1. 焊接条件不当 2. 一次电压输入不平衡 3. 直接电抗器的分流不当 4. 磁偏吹	1. 条件要适当，特别是电压不要过高，不能一相断开 2. 一次电源保险丝的配线要正确 3. 大电流（250A以上）圈数多，小电流圈数少 4. 变动一下接地位置，缩小焊接部位间隙
焊枪过热	1. 使用额定以上的电容量 2. 焊枪过分接近母材 3. 水冷焊枪的水量不足	1. 使用额定内的电流，不准超负荷使用 2. 焊丝直径的10～15倍的距离较合适 3. 应有足够的水量，使用冷却水循环装置时，水的温度不能过高
电弧周期性变化	1. 焊丝进给不顺利 2. 焊嘴不佳 3. 一次性输入电压变动大	1. 焊丝滚筒是否固定了，进给滚筒的滑动是否润滑，焊丝是否纠缠在一起 2. 焊嘴尺寸要合适，焊嘴要固定牢 3. 电量的容量要十分平整，不要超负荷，网路电压要稳定
裂纹	1. 焊丝与焊件均有油、锈及水分 2. 熔深过大 3. 多层焊时第一层焊缝过小 4. 焊后焊件内有很大内应力 5. 保护气体含水量过大	1. 焊前仔细清除焊丝及焊件表面的油、锈及水分 2. 合理选择焊接电流与电弧电压 3. 加强打底层焊缝质量 4. 合理选择焊接顺序及消除内应力热处理 5. 焊前对储气钢瓶应进行除水，焊接过程中对保护气体应进行干燥
烧穿	1. 对于给定的坡口，焊接电流过大 2. 坡口根部间隙过大 3. 钝边过小 4. 焊接速度小，焊接电流大	1. 按工艺规程调整焊接电流 2. 合理选择坡口根部间隙 3. 合理选择焊接参数 4. 按钝边、根部间隙情况选择焊接电流
熔深不够	1. 焊接电流太小 2. 焊丝伸出长度太长 3. 焊接速度过快 4. 坡口角度及根部间隙过小，钝边过大 5. 送丝不均匀	1. 加大焊接电流 2. 调整焊丝的伸出长度 3. 调整焊接速度 4. 调整坡口尺寸 5. 检查送丝机构
未焊透	1. 焊接条件不恰当 2. 接头成型不好	1. 电流不能过低，实施向下焊接，目标位置要正确，板厚条件要合适 2. 坡口角度要正确，采用的焊接方法要适合于接头形式
焊道成型不佳	1. 焊接条件不合适 2. 目标位置不佳	1. 电流、电压、焊接速度等条件要合适，焊接姿势要正确 2. 焊接方向要正确，焊枪的倾斜角度不要过大，要选择正确的位置

八、清磨

钢构件组装焊接完成后，为了保证钢构件后道工序的油漆质量及成品的观感质量，需要对钢构件组装焊接时产生的飞溅物、毛刺及焊瘤等进行清除和打磨（图5-75）。

九、钢构件预拼装

为了能够保证钢结构安装的顺利进行，钢构件在出厂前应根据工程的复杂程度、设计要求或图纸设计内容进行厂内预拼装。

（一）钢构件预拼装常用方法

钢构件预拼装常用方法见表5-47。

图 5-75　清磨

表 5-47　钢构件预拼装常用方法

常用方法	主要内容
平装法	平装法适用于拼装跨度小、构件相对刚度较大的钢结构，如长18m以内的钢柱、跨度6m以内的天窗架及跨度21m以内的钢屋架的拼装。此拼装方法操作方便，无须稳定加固措施，也不需要搭设脚手架。焊缝焊接大多数为平焊缝，焊接操作简易，不需要技术很高的焊接工人，焊缝质量易于保证，矫正及起拱方便、准确
立拼拼装法	立拼拼装法可适用于跨度较大、侧向刚度较差的钢结构，如18m以上的钢柱、跨度9m及12m的窗架、跨度24m以上的钢屋架以及屋架上的天窗架。此拼装法可一次拼装多榀，块体占地面积小，不用铺设专用拼装操作平台或枕木墩，节省材料和工时，省略翻身工序，质量易于保证，不用增设专供块体翻身、倒运、就位、堆放的起重设施，缩短工期
模具拼装法	模具是指符合工件几何形状或轮廓的模型（内模或外模）。用模具来拼装组焊钢结构具有产品质量好、生产效率高等优点。对成批的板材结构、型钢结构，就考虑采用模具拼装法；桁架结构的装配模往往是用两点连直线的方法制成，其结构简单，使用效果好

（二）钢构件预拼装要点

1）钢构件预拼装的比例应符合施工合同和设计要求，一般按实际平面情况预拼装10%～20%。

2）拼装构件一般应设拼装工作台，若现场拼装，则应放在较坚硬的场地上用水平仪抄平。拼装时构件全长应拉通线，并在构件有代表性的点上用水平尺找平，符合设计尺寸后，应用电焊点固焊牢。刚性较差的构件，翻身前要进行加固，翻身后也应进行找平，否则构件焊接后无法矫正。

3）构件在制作、拼装、吊装中所用的钢尺应一致，且必须经计量检验，并相互核对，测量时间宜在早晨日出前及下午日落后。

4）各支承点的水平度应符合以下规定。

① 当拼装总面积为300～1000m²时，允许偏差≤2mm。

② 当拼装总面积为1000～5000m²时，允许偏差≤3mm。

5）钢构件预拼装地面应坚实，胎架强度、刚度必须经设计计算而定，各支撑点的水平精度可用已计量检验的各种仪器逐点测定调整。

6）在胎架上预拼装过程中，不允许对构件动用火焰、锤击等，各杆件的重心线应交汇于节点中心，并应完全处于自由状态。

7）高强度螺栓连接预拼装时，使用的冲钉直径必须与孔径一致，每个节点多于三个，临时普通螺栓数量一般为螺栓孔总数的1/3。对孔径进行检测，试孔器必须垂直自由穿落。

8）当多层板叠采用高强度螺栓或普通螺栓连接时，宜先使用不少于螺栓孔总数10%的冲钉定位，再采用临时螺栓紧固。临时螺栓在一组孔内不得少于螺栓孔总数的20%，且不应少于2个，预拼装时应使用板层密贴。螺栓孔应采用试孔器进行检查，并应符合下列规定。

① 当采用比孔公称直径小1.0mm的试孔器进行检查时，每组孔的通过率不应小于85%。

② 当采用比螺栓公称直径大0.3mm的试孔器进行检查时，通过率应为100%。

9）预拼装检查合格后，宜在构件上标中心线、控制基准线等标记，必要时可设置定位器。

（三）实体预拼装的精度

实体预拼装的允许偏差应符合表5-48。

表5-48　实体预拼装的允许偏差　　　　　　（单位：mm）

构件类型	项目		允许偏差	检查方法
多节柱	预拼装单元总长		±5.0	用钢尺检查
	预拼装单元弯曲矢高		$l/1500$，且不大于10.0	用拉线和钢尺检查
	接口错边		2.0	用焊缝量规检查
	预拼装单元柱身扭曲		$h/200$，且不大于5.0	用拉线、吊线和钢尺检查
	顶紧面至任一牛腿距离		±2.0	
梁、桁架	跨度最外两端安装孔或两端支承面最外侧距离		+5.0 −10.0	用钢尺检查
	接口截面错位		2.0	用焊缝量规检查
	拱度	设计要求起拱	±$l/5000$	用拉线和钢尺检查
		设计未要求起拱	$l/2000$ 0	
	节点处杆件轴线错位		4.0	画线后用钢尺检查
管构件	预拼装单元总长		±5.0	用钢尺检查
	预拼装单元弯曲矢高		$l/1500$，且不大于10.0	用拉线和钢尺检查
	对口错边		$t/10$，且不大于3.0	用焊缝量规检查
	坡口间隙		+2.0 −1.0	
构件平面总体预拼装	各楼层柱距		±4.0	用钢尺检查
	相邻楼层梁与梁之间的距离		±3.0	
	各层间框架两对角线之差		$H_i/2000$，且不大于5.0	
	任意两对角线之差		$\sum H_i/2000$，且不大于8.0	

注：H_i为各结构楼层高度。

十、除锈、防腐涂装

（一）除锈、防腐涂装方法

1. 除锈方法

钢结构在防腐涂装前必须对被涂敷构件基层进行除锈，使表面达到一定的粗糙度，以便于涂料更有效地附着在构件上。根据国家标准《涂覆涂料前钢材表面处理　表面清洁度的目视评定 第1部分：未涂覆过的钢材表面和全面清除原有涂层后的钢材表面的锈蚀等级和处理等级》（GB/T 8923.1—2011）的规定，将除锈方法分为喷射和抛射除锈、手工和动力工具除锈、火焰除锈三种方法。

（1）喷射、抛射除锈　用字母"Sa"表示，可分为四个等级。

1）Sa1级为轻度的喷射或抛射除锈。在不放大的情况下观察时，钢材表面应无可见的油脂和污垢，没有附着不牢的氧化皮、铁锈和油漆涂层等附着物。

2）Sa2级为彻底地喷射或抛射除锈。在不放大的情况下观察时，钢材表面无可见的油脂和污垢，氧化皮、铁锈等附着物已基本清除，其残留物应是牢固附着的。

3）Sa2.5级为非常彻底地喷射或抛射除锈。在不放大的情况下观察时，钢材表面无可见的油脂、污垢、氧化皮、铁锈和油漆涂层等附着物，任何残留的痕迹应为点状或条状的轻微色斑。

4）Sa3级为使钢材表面洁净的喷射或抛射除锈。在不放大的情况下观察时，钢材表面无可见的油脂、污垢、氧化皮、铁锈和油污附着物，该表面应呈现均匀的钢材金属光泽。

（2）手工和动力工具除锈　用"St"表示，可分为两个等级。

1）St2级为彻底地手工和动力工具除锈。在不放大的情况下观察时，钢材表面无可见的油脂和污垢，没有附着不牢的氧化皮、铁锈和油漆涂层等附着物。

2）St3级为非常彻底地手工和动力工具除锈。在不放大的情况下观察时，钢材表面无可见的油脂和污垢，没有附着不牢的氧化皮、铁锈和油漆涂层等附着物，除锈比St2级更彻底，底材显露出部分的表面具有金属光泽。

（3）火焰除锈　用"F1"表示，在不放大的情况下观察时，要求钢材表面无氧化皮、铁锈和油漆层等附着物，任何残留的痕迹仅为表面变色（即不同颜色的暗影）。

钢结构除锈应将喷射除锈作为首选的除锈方法，而手工和动力工具除锈仅作为喷射除锈的补充手段，如图5-76所示为抛丸除锈。处理后的钢材表面不应有焊渣、焊疤、灰尘、油污、水和毛刺等，各种底漆或防锈漆要求最低的除锈等级应符合表5-49。

a）　　　　　　　　　　　b）　　　　　　　　　　　c）

图 5-76　抛丸除锈

a）钢柱抛丸除锈　b）除锈后的钢构件　c）钢丸

表 5-49　各种底漆或防锈漆要求最低的除锈等级

涂料品种	除锈等级
油性酚醛、醇酸等底漆或防锈漆	St3
高氯化聚乙烯、氯化橡胶、氯磺化聚乙烯、环氧树脂、聚氨酯等底漆或防锈漆	Sa2.5
无机富锌、有机硅、过氯乙烯等底漆	Sa2.5

2. 防腐方法

钢结构的防腐方法主要有涂装法、热镀锌法和热喷铝（锌）复合涂层等。涂装法是钢结构最基本的防腐方法，它是将涂料涂敷在构件表面上结成薄膜来保护钢结构的（图 5-77）。

钢材的防腐涂层的厚度是保证钢材防腐效果的重要因素，目前国内钢结构涂层的总厚度（包括底漆和面漆）：要求室内厚度一般为 100~150μm，室外涂层厚度为 150~200μm。

（二）除锈、防腐涂装要点

1）涂装前钢材表面除锈等级应满足设计要求并符合国家现行标准的规定。处理后的钢材表面不应有焊渣、焊疤、灰尘、油污、水和毛刺等。

2）采用涂料防腐时，表面除锈处理后宜在 4h 内进行涂装。采用金属热喷涂防腐时，钢结构表面处理与热喷涂施工的间隔时间：晴天或湿度不大

图 5-77　钢构件油漆喷涂

的气候条件下不应超过 12h，雨天、潮湿、有烟雾的条件下不应超过 2h。

3）涂层应均匀，无明显皱皮、流坠、针眼和气泡。

4）金属热喷涂涂层的外观应均匀一致，涂层不得有气孔、裸露母材的斑点、附着不牢的金属熔融颗粒和裂纹或影响使用寿命的其他缺陷。

5）涂层要符合设计要求，涂装完成后，构件的标志、标记和编号应清晰完整。

（三）除锈、防腐涂装质量要求

1）钢结构工程连接焊缝或临时焊缝、补焊部位，涂装前应清理焊渣、焊疤等污垢，钢材表面处理应满足设计要求。当设计无要求时，宜采用人工打磨处理，除锈等级不低于 St3。

2）高强度螺栓连接部位，涂装前应按设计要求除锈、清理，当设计无要求时，宜采用人工除锈、清理，除锈等级不低于 St3。

3）防腐涂料、涂装遍数、涂装间隔、涂层厚度均应满足设计文件、涂料产品标准的要求。当设计对涂层厚度无要求时，涂层干漆膜总厚度：室外不应小于 150μm，室内不应小于 125μm。可用漆膜测厚仪检查。每个构件检测 5 处，每处的数值为 3 个相距 50mm 测点涂层干漆膜厚度的平均值。漆膜厚度的允许偏差应为 −25μm。

4）金属热喷涂涂层厚度应满足设计要求。金属热喷涂涂层结合强度应符合现行国家标准《热喷涂 金属和其他无机覆盖层 锌、铝及其合金》（GB/T 9793—2012）的有关规定。

5）当钢结构处于有腐蚀介质环境、外露或设计有要求时，应进行涂层附着力测试。在检测范围内，当涂层完整程度达到 70% 以上时，涂层附着力可认定为质量合格。

6）在施工过程中，钢结构连接焊缝、紧固件及其连接节点的构件涂层被损伤的部位，

应进行涂装修补，涂装修补后的涂层外观质量应满足设计及《钢结构工程施工质量验收标准》（GB 50205—2020）的要求。

7）喷涂油漆时应尽量减少构件与支点的接触面，以保证构件喷涂外观质量。

十一、钢构件成品保护与堆放

1. 钢构件成品保护

1）喷好油漆的成品构件必须在油漆干透的情况下进行吊运堆放。

2）应尽量避免在成品构件上上人，尤其油漆未干透的情况下禁止上人，并应避免尖锐的物体碰撞、摩擦成品构件，造成油漆面损伤。

3）吊运大件必须有专人负责，使用合适的夹具，严格遵守吊运规则，以防止在吊运过程中发生震动、撞击、变形、坠落或其他损坏。

4）装载时，必须有专人监管，清点上车的箱号及打包号，车上堆放应牢固稳妥，并增加必要捆扎，防止构件松动遗失。

5）严禁野蛮装卸，装卸人员在装卸前要熟悉构件的重量、外形尺寸，并检查吊马、索具的情况，防止意外发生。

2. 钢构件成品堆放

1）待包装或等运输的钢构件，按工程、种类、安装区域及发货顺序，分区整齐存放，标有识别标志，便于清点。

2）露天堆放的钢构件搁置在干燥无积水处，防止锈蚀；底层垫枕有足够的支承面，防止支点下沉；构件堆放应平稳垫实。

3）相同钢构件叠放时，各层钢构件的支点应在同一垂直线上，防止钢构件被压坏或变形；先发货的构件要放在上面，方便装车发货。

4）钢构件的存储和进出库应严格按企业制度执行。

十二、钢构件的包装与发货

1. 钢构件的包装

1）钢构件的包装和固定的材料要牢固，以确保在搬运过程中构件不散失、不遗落（图5-78、图5-79）。

图5-78　钢系杆的固定

图5-79　钢梁的捆扎

2）构件包装时，应保证构件不变形、不损坏，对于长短不一、容易掉落的对象，特别注意端头加封包装。

3）管材型钢构件，用钢带裸形捆扎打包，长度5m以下的捆扎两圈，长度5m以上的捆扎三圈。

4）机加工零件及小型板件应装在钢箱或木箱中发运。

5）钢结构产品中的小件、零配件（一般指安装螺栓、连接板、接头角钢等重量在25kg以下）应用箱装捆扎，并应有装箱单。应在箱体上标明箱号、毛重、净重、构件名称、编号等。

6）木箱的箱体要牢固、防雨，下方要有铲车孔及能承受木箱总重的枕木，枕木两端要切成斜面，以便捆吊或捆运，重量一般不大于1t。

7）铁箱一般用于外地工程，箱体用钢板焊成，不易散箱。在安装现场，箱体钢板可作为安装垫板和临时固定件。箱体外壳要焊上吊耳。

8）捆扎一般用于运输距离比较近的细长构件，如网架的杆件、屋架的拉条等，捆扎中每捆重量不宜过大，吊具不得直接钩在捆扎钢丝上。

9）如果钢结构产品制作后随即安装，其中小件和零配件可不装箱，直接捆扎在钢结构主体的需要部位上，但要捆扎牢固或用螺栓固定，且不影响运输和安装。

2. 钢构件的发货

1）与施工现场负责人沟通协调好构件的发货时间和顺序。

2）要配备专职发货员，发货员应具备基本的专业素质，统计发货的工程、钢构件型号及数量，并做好详细的发货清单，发货清单通常一式三份，工厂留存一份，运输司机留存一份，工地留存一份。运输司机将构件保质保量地运输到工地后，经工地检查验收签字后，作为运费结算的依据。

3）发货装车构件的重量应保证在车辆的承载范围内，以保证安全运输至工地。

4）运输司机应熟悉运输路线，避免在运输路段超高超长运输。

第三节　外围护部品构件的生产

钢结构的外围护部品构件的生产主要是压型金属板和保温夹芯板的加工。通常装配式钢结构外围护包括屋面板、墙面板、楼层板以及泛水板、包角板、屋脊盖板等的加工。

一、围护构件的加工

1. 压型金属板加工方法

压型金属板是金属板经辊压冷弯，沿板宽方向形成连续波形或其他截面的成型金属板（图5-80）。

建筑用压型金属板是以冷轧薄钢板为基板经过镀锌或镀铝锌后，再辅以彩色涂层经过成型机辊压冷弯成型的波纹钢板。厚度常见的为0.4~1.6mm，形状主要有波纹形、V形、U形、W形及梯形或类似形状的轻型建筑板材。常见的薄钢板主要有彩色涂层钢板、热镀锌钢板、镀铝锌合金钢板及其他经表面处理的薄钢板，也可以采用不锈钢板、铝合金板、铜

a)　　　　　　　　　　　　　b)

图 5-80　压型金属板

a）压型金属板加工　b）压型金属板成品

板、钛合金板等。

压型金属板广泛应用于各种建筑中，如工业厂房、仓库、飞机库、体育场馆、会展中心、商贸市场、家具餐饮、高层建筑、住宅、别墅、抗震救灾组合房屋等各种工业和民用建筑上。具有成型灵活、施工速度快、外观美观、重量轻、易于工业化和商业化再生产等特点，广泛用于建筑屋面及墙面围护材料。

2. 保温加芯板加工方法

保温夹芯板是一种保温隔热材料（聚氨酯、聚苯或岩棉等）与金属面板间加胶后，经成型机辊压粘结成整体的复合板材。夹芯板板厚范围为 30 ~ 250mm，建筑围护常用的夹芯板厚度范围为 50 ~ 100mm。图 5-81 为泡沫复合板的加工。

a)　　　　　　　　　　　　　b)

图 5-81　泡沫复合板

a）泡沫复合板加工　b）泡沫复合板成品

另外，还有两种保温和隔热的做法，一种是在两层压型钢板间加岩棉保温和隔热（图 5-82）；另一种是在两层压型钢板间加玻璃丝棉或在单层压型钢板下面加玻璃丝棉的做法，这种做法通常在现场与压型钢板复合（图 5-83）。

图 5-82　岩棉复合板　　　　　　　　　图 5-83　玻璃丝棉

3. 包边包角板、泛水板、屋脊盖板等的加工方法

包角板、压条板、泛水板、屋脊盖板等宜采用平板彩色钢板折叠形成,其断面形状如图 5-84 所示。

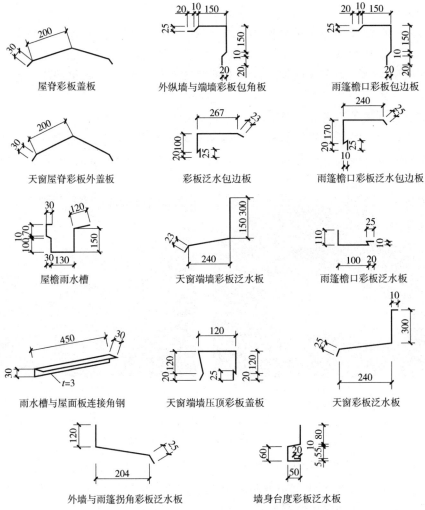

图 5-84　压条板、封边板、包角板、泛水板示意图

二、围护构件加工要点

1）压型板的厚度、颜色、规格尺寸应满足设计要求。

2）压型板成型后，其基板不应有裂纹。

3）保温夹芯板内保温隔热材料与金属面板间应粘结牢固。

三、压型金属板加工精度

压型金属板制作的允许偏差见表 5-50 ~ 表 5-52。

表 5-50　压型钢板制作的允许偏差　　　　（单位：mm）

项目		允许偏差	
波高	截面高度≤70	±1.5	
	截面高度>70	±2.0	
覆盖宽度		搭接型	扣合型、咬合型
	截面高度≤70	+10.0 -2.0	+3.0 -2.0
	截面高度>70	+6.0 -2.0	+3.0 -2.0
板长		+9.0 0	
波距		±2.0	
横向剪切偏差（沿截面全宽 b）		$b/100$ 或 6.0	
侧向弯曲	在测量长度 l_1 范围内	20.0	

注：l_1 为测量长度，指板长扣除两端各 0.5m 后的实际长度（小于 10m）或扣除后任选 10m 的长度。

表 5-51　压型铝合金板制作的允许偏差　　　　（单位：mm）

项目		允许偏差	
波高		±3.0	
覆盖宽度		搭接型	扣合型、咬合型
		+10.0 -2.0	+3.0 -2.0
板长		+25.0 0	
波距		±3.0	
压型铝合金板边缘波浪高度	每米长度内	≤5.0	
压型铝合金板纵向弯曲	每米长度内（距端部 250mm 内除外）	≤5.0	
压型铝合金板侧向弯曲	每米长度内	≤4.0	
	任意 10m 长度内	≤20	

注：波高、波距偏差为 3 ~ 5 个波的平均尺寸与其公称尺寸的差。

表 5-52　泛水板、包角板、屋脊盖板几何尺寸的允许偏差

项目		允许偏差
泛水板、包角板、屋脊盖板	板长	±6.0mm
	折弯面宽度	±2.0mm
	折弯面夹角	≤2.0°

第四节　内装部品的生产

内装部品的生产加工包括深化设计、制造或组装、检测及验收，应符合以下规定：

1）内装部品生产前应复核相应结构系统及外围护系统上预留洞口的位置、规格等。

① 生产厂家应对出厂部品中每个部品进行编码，并宜采用信息化技术对部品进行质量追溯。

② 在生产时宜适度预留公差，并应进行标识，标识系统应包含部品编码、使用位置、生产规格、材质、颜色等信息。

2）部品生产应使用节能环保的材料，并应符合现行国家标准《民用建筑工程室内环境污染控制标准》（GB 50325—2020）的有关规定。

3）内装部品生产加工要求应根据设计图纸进行深化，满足性能指标要求。

第五节　钢构件运输与现场堆放

一、钢构件的运输

1）在运输过程中应保持平稳，采用车辆装运时对超长、超宽、超高物件的运输，必须由经过培训的驾驶员和押运人员负责，并在车辆上设置标记。

2）为避免在运输、装车、卸车和起吊过程中造成钢结构构件变形而影响安装，一般应设置局部加固的临时支撑。

3）钢结构构件一般采用陆路车辆运输或者铁路包车皮运输。

① 柱子构件长时可采用拖车运输。一般柱子采用两点支承，当柱子较长，两点支承不能满足受力要求时，可采用三点支承（图 5-85 和图 5-86）。

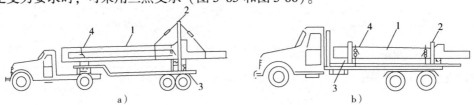

图 5-85　小型钢柱的运输

a）汽车运输短柱　b）半挂拖车运输柱子

1—柱子　2—钢支架　3—垫木　4—钢丝绳、倒链捆紧

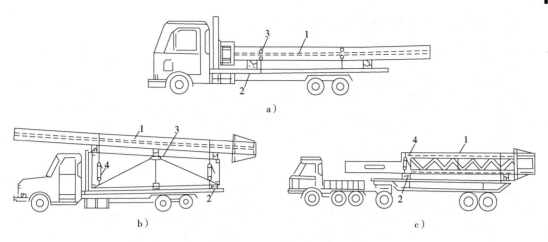

图 5-86　大型钢柱的运输

a）汽车运输 6m 长钢柱　b）汽车装钢运输支架运 12m 长钢柱　c）全拖挂车运输 12m 长以上重型柱

1—钢柱　2—垫木　3—钢运输支架　4—钢丝绳、倒链拉紧

② 钢屋架可以用拖车挂车平放运输，但要求支点必须放在构件节点处，而且要垫平、加固好。钢屋架还可整榀、可半榀在专用架上运输（图 5-87 和图 5-88）。

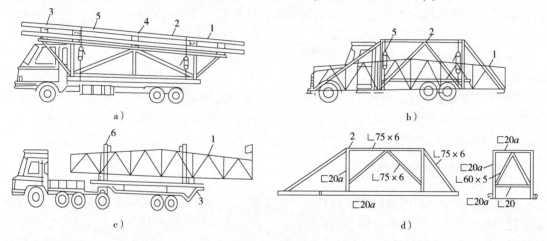

图 5-87　钢屋架的运输

a）汽车设钢运输架顶部运输　b）汽车设钢运输架侧向运输 21m 长钢屋架

c）全拖挂车运输 24m 长钢屋架　d）钢运输支架构造

1—钢屋架　2—钢运输支架　3—垫木或枕木　4—废轮胎片　5—钢丝绳倒链拉紧　6—钢支撑架

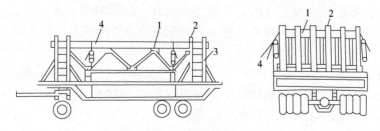

图 5-88　托架的运输

1—托架　2—钢支架　3—大方木或枕木　4—钢丝绳、倒链拉紧

③ 实腹类构件多用大平板车辆运输（图5-89）。

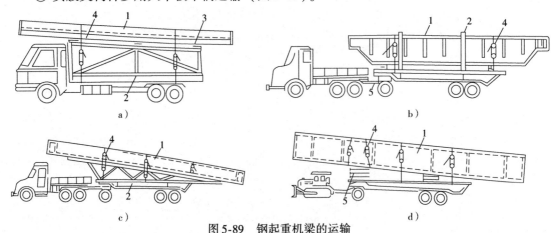

图 5-89 钢起重机梁的运输

a）载重汽车运输 18m 长起重机梁　b）全拖挂车运输长 24m、重 12t 钢起重机梁或托架

c）全拖挂上设钢运输支架运输长 24m、重 55t 箱形钢起重机梁

d）半拖挂车运输长 24m、重 22t 钢起重机梁或托架

1—钢起重机梁或梁　2—钢运输支架　3—废轮胎片　4—钢丝绳、倒链拉紧　5—垫木

④ 散件运输使用一般货运车，车辆的底盘长度可以比构件长度短 1m，散件运输一般无须特别固定，只要能满足在运输过程中不产生过大的残余变形即可。

⑤ 对于成型大件的运输，可根据产品不同而选用不同车型。委托专业化大件运输公司运输时，与该运输公司共同确定车型。

⑥ 对于特大钢结构产品，在加工制造以前就要与运输有关的各个方面取得联系，并得到认可，其中包括与公路、桥梁、电力以及地下管道如煤气、自来水、下水道等有关方面的联系，还要查看运输路线、转弯道、施工现场等有无障碍物，并应制定专门的运输方案。

二、钢构件的现场堆放

钢结构工程中材料的科学管理和有序堆放是整个工程能否顺利进行的前提条件，既能保证工程的施工进度，也能保护构件的完整性。因此钢结构构件的堆放有以下几点注意事项：

1）构件到达施工现场后，及时组织卸货，分区堆放好。对于随即安装的构件可直接将构件卸在其所安装位置附近，并且处在起重机的回转半径之内。

2）不能及时安装的构件一般要堆放在现场的堆放场。构件堆放场地应平整坚实，无水坑、冰层，地面平整干燥，并应排水通畅，有较好的排水设施，同时有车辆进出的回路。

3）底层垫块要有足够的支承面，不允许垫块有大的沉降量，堆放的高度应有计算依据，以最下面的构件不产生永久变形为准，不得随意堆高。钢结构产品不得直接置于地上，要垫高 200mm。

4）在堆放中发现有变形不合格的构件，则应严格检查，进行矫正，然后再堆放。不得把不合格的变形构件堆放在合格的构件中，否则会大大地影响安装进度。

5）对于已堆放好的构件，要派专人汇总资料，建立完善的进出厂动态管理，严禁乱翻、乱移。同时对已堆放好的构件进行适当保护，避免风吹雨打、日晒夜露。

6）较大工程或构件种类较多的工程需制定现场堆放方案，避免钢构件的二次运输。

第六章 装配式钢结构的施工安装

装配式钢结构安装工程可以简单地划分为单层钢结构、多层及高层钢结构和钢网架结构安装工程。单层钢结构安装工程一般规模较小，施工也相对简单，多为民间用住宅和一些工业用房；多层及高层钢结构的构造相对复杂，施工也较困难，旅馆、饭店、办公楼等高层或超高层建筑多采用此结构；钢网架结构多应用于大跨度空间结构之中，如大型体育馆和娱乐中心等。三种钢结构的侧重点各不相同，其施工也各有各的特点。

第一节 施工安装前的准备工作

1）装配式钢结构建筑施工单位应建立完善的安全、质量、环境和职业健康管理体系。

2）施工前，施工单位应编制施工组织设计及配套的专项施工方案、安全专项方案和环境保护专项方案，并按规定进行审批和论证。

3）施工单位应根据装配式钢结构建筑的特点，选择合适的施工方法，制定合理的施工顺序，并应尽量减少现场支模和脚手架用量，提高施工效率。

4）施工用的设备、机具、工具和计量器具应满足施工要求，并应在合格检定有效期内。

5）装配式钢结构建筑宜采用信息化技术，对安全、质量、技术、进度等进行全过程的信息化协同管理。宜采用建筑信息模型（BIM）技术对结构构件、建筑部品和设备管线等进行虚拟建造。

6）装配式钢结构建筑应遵守国家环境保护的法规和标准，采取有效措施减少各种粉尘、废弃物、噪声等对周围环境造成的污染和危害；并应采取可靠有效的防火等安全措施。

7）施工单位应对装配式钢结构建筑的现场施工人员进行相应专业的培训。

8）钢结构安装前根据土建专业工序交接单及施工图纸对基础的定位轴线、柱基础的标高、杯口几何尺寸等项目进行复测与放线，确定安装基准，做好测量记录。经复测符合设计及规范要求后方可吊装。

9）施工单位对进场构件的编号、外形尺寸、连接螺栓孔位置及直径等必须认真按照图纸要求进行全面复核，经复核符合设计图纸和规范要求后方可吊装。

第二节 基础施工

装配式钢结构建筑的基础一般采用钢筋混凝土，所以装配式建筑的基础与普通混凝土结构建筑的基础无太大差异。

一、基础类型与构造

（一）基础类型

由于装配式建筑的基础与钢筋混凝土结构建筑的基础无太大差异，因此也把装配式建筑的常用基础分为浅基础和桩基础，具体划分结构如图 6-1 所示。

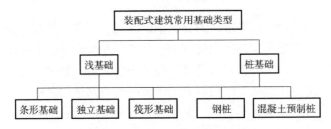

图 6-1　装配式建筑常用基础类型

（二）基础构造

装配式建筑的基础构造见表 6-1。

表 6-1　装配式建筑的基础构造

名称	内容	图示
条形基础	当地基较为软弱、柱荷载或地基压缩性分布不均匀，以至于采用扩展基础可能产生较大的不均匀沉降时，常将一方向（或同一轴线）上若干柱子的基础连成一体而形成柱下条形基础	
独立基础	建筑物上部结构采用框架结构或单层排架结构承重时，常采用圆柱形和多边形等形式的独立基础，这类基础称为独立基础，也称单独基础	
筏形基础	筏形基础即满堂基础，或称满堂红基础，是把柱下独立基础或条形基础全部用连系梁联系起来，下面再整体浇筑底板，它由底板、梁等整体组成	
钢桩	钢桩施工适用于一般钢管桩或 H 型钢桩基础工程	
混凝土预制桩	提前在预制厂用钢筋、混凝土经过加工后得到的桩	

二、基础定位与放线

（一）建筑定位的基本方法

建筑四周外廓主要轴线的交点决定了建筑在地面上的位置，称为定位点或角点，建筑的定位是根据设计条件，将定位点测设在地面上，作为细部轴线放线和基础放线的依据。由于设计条件和现场条件的不同，建筑的定位方法也有所不同，通常可以根据控制点、建筑方格和建筑基线、与原有建筑和道路的关系这三种方法来定位。

1. 根据控制点定位

如果待定位建筑的定位点设计坐标已知，且附近有高级控制点可供利用，可根据实际情况选用极坐标法、角度交会法或距离交会法来测设定位点，其中极坐标法是用得最多的一种定位方法。

2. 根据建筑方格和建筑基线定位

如果待定位建筑的定位点设计坐标已知，并且建筑场地已设有建筑方格网或建筑基线，可利用直角坐标系法测设定位点，其过程如下。

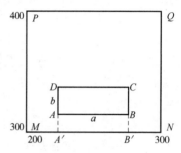

图 6-2　方格网定位

1）根据实际坐标值可计算出建筑长度、宽度和放样所需的数据。

如图 6-2 所示，M、N、P、Q 是建筑方格网的四个点，坐标位于图上，A、B、C、D 是新建筑的四个点，坐标为：

$$A\ (316.00，226.00)\qquad B\ (316.00，268.24)$$
$$C\ (328.24，268.24)\qquad D\ (328.24，226.00)$$

很容易计算得到建筑的长宽尺寸：

$$a = 268.24 - 226.00 = 42.24\ （m）\qquad b = 328.24 - 316.00 = 12.24\ （m）$$

2）按照直角坐标法的水平距离和角度测设的方法进行定位轴线交点测设，得到 A、B、C、D 四个交会点。

3）检查调整：实际测量新建筑的长宽与计算所得进行比较，满足边长误差 $\leqslant 1/2000$，测量 4 个内角与 90° 比较，满足角度误差 $\leqslant \pm 40''$。

3. 根据与原有建筑和道路的关系定位

如果设计图上只给出新建筑与附近原有建筑或道路的相互关系，而没有提供建筑定位点的坐标，周围又没有测量控制点、建筑方格网和建筑基线可供利用，则可根据原有建筑的边线或道路中心线将新建的定位点测设出来。

测设的基本方法如下：在现场先找出原有建筑的边线或道路中心线，再用全站仪或经纬仪和钢尺将其延长、平移、旋转或相交，得到新建筑的一条定位直线，然后根据这条定位轴线，测设新建筑的定位点（图 6-3）。

1）沿原有建筑的两侧外墙拉线，用钢尺顺线从墙角往外量一段较短的距离（这里设为 2m），在地面上定出 T_1 和 T_2 两个点，T_1 和 T_2 的连线即为原有建筑的平行线。

2）在 T_1 点安置经纬仪，照准 T_2 点，用钢尺从 T_2 点沿视线方向量取 10m + 0.12m，在地面上定出 T_3 点，再从 T_3 点沿视线方向量取 40m，在地面上定出点 T_4，T_3 和 T_4 的连线即为拟

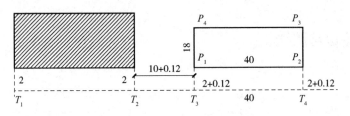

图 6-3　与原有建筑的关系定位

建建筑的平行线，其长度等于长轴尺寸。

3）在 T_3 点安置经纬仪，照准 T_4 点，逆时针测设 90°，在视线方向上量 2m + 0.12m，在地面上定出 P_1 点，再从 P_1 点沿视线方向量取 18m，在地面上定出 P_4 点。同理，在 T_4 点安置经纬仪，照准 T_3 点，顺时针测设 90°，在视线方向上量取 2m + 0.12m，在地面上定出 P_2 点，再从 P_2 点沿视线方向量取 18m，在地面上定出 P_3 点。则 P_1、P_2、P_3 和 P_4 即为拟建建筑的四个定位轴线点。

4）在 P_1、P_2、P_3 和 P_4 点上安置经纬仪，检核四个大角是否为 90°；用钢尺丈量四条轴线的长度，检核长轴是否为 40m，短轴是否为 18m；满足边长误差 ≤1/2000，角度误差 ≤ ±40″。

（二）定位标志桩的设置

依照上述定位方法进行定位的结果是测定出建筑物的四廓大角桩，进而根据轴线间距尺寸沿四廓轴线测定出各细部轴线桩。但施工中要开挖基槽或基坑，必然会把这些桩点破坏掉。为了保证挖槽后能够迅速、准确地恢复这些桩位，一般采取先测设建筑物四廓各大角控制桩，即在建筑物基坑外 1~5m 处，测设与建筑物四廓平行的建筑物控制桩（俗称保险桩，包括角桩、细部轴线引桩等构成建筑物控制网），作为进行建筑物定位和基坑开挖后开展基础放线的依据。

（三）放线

建筑物四廓和各细部轴线测定后，即可根据基础图及土方施工方案用白灰撒出灰线，作为开挖土方的依据。

放线工作完成后要进行自检，自检合格后应提请有关技术部门和监理单位进行验线。验线时首先检查定位，依据桩有无变动及定位条件的几何尺寸是否正确，然后检查建筑物四廓尺寸和轴线间距，这是保证建筑物定位和自身尺寸正确性的重要措施。

对于沿建筑红线兴建的建筑物在放线并自检以后，除了提请有关技术部门和监理单位进行验线以外，还要由城市规划部门验线，合格后方可破土动工，以防新建建筑物压红线或超越红线的情况发生。

（四）基础放线

根据施工程序，基槽或基坑开挖完成后要做基础垫层。当垫层做好后，要在垫层上测设建筑物各轴线、边界线、基础墙宽线和柱位线等，并以墨线弹出作为标志，这项测量工作称为基础放线。这是最终确定建筑物位置的关键环节，应在对建筑物控制桩进行校核并合格的情况下，再依据它们仔细测出建筑物主要轴线，经闭合校核后，详细放出细部轴线，所弹墨线应清晰、准确，精度要符合《砌体工程施工及验收规范》（GB 50203—2011）中的有关规定，基础放线尺寸的允许偏差要求见表 6-2。

表 6-2　基础放线尺寸的允许偏差

长度 L、宽度 B 的尺寸/m	允许偏差/mm
L（B）≤30	±5
30＜L（B）≤60	±10
60＜L（B）≤90	±15
L（B）＞90	±20

三、基础施工

基础的施工以条形基础、独立基础、筏形基础的施工做法为例解读如下。

（一）条形基础施工

条形基础施工流程：模板的加工及装配→基础浇筑→基础养护。

1. 模板的加工及装配

基础模板一般由侧板、斜撑、水平支撑组成，其装配如图 6-4 所示。基础模板装配时，先在基槽底弹出基础边线，再把侧板对准边线垂直竖立，校正调平无误后，用斜撑和平撑钉牢。若基础较大，可先立基础两端的侧板，校正后在侧板上口拉通线，依照通线再立中间的侧板。当侧板高度大于基础台阶高度时，可在侧板内侧按台阶高度弹准线，并每隔 2m 左右在准线上钉圆钉，作为浇捣混凝土的标志。每隔一定距离在左侧板上口钉上搭头木，防止模板变形。

图 6-4　条形基础模板的装配

2. 基础浇筑

基础浇筑应分段、分层且连续进行，一般不留施工缝。

当条形基础长度较大时，应考虑在适当的部位留置贯通后浇带，以避免出现温度收缩裂缝和便于进行施工分段流水作业；对超厚的条形基础，应考虑较低水泥水化热和浇筑入模的温度控制措施，以免出现过大的温度收缩应力，导致基础底板裂缝。

条形基础通常每段浇筑长 2～3m（图 6-5），逐段逐层呈阶梯形推进，注意先使混凝土充满模板边角，然后浇筑中间部分，以保证混凝土密实。

图 6-5　条形基础浇筑

3. 基础养护

基础浇筑完毕，表面应覆盖并进行洒水养护，不少于 14d，必要时应用保温养护措施，并防止浸泡地基。

4. 施工注意事项

1）地基开挖时如有地下水，应降低地下水位至基坑底 50cm 以下部位，以保持在无水的情况下进行土方开挖和基础结构施工。

2）侧模在混凝土强度保证其表面及棱角不因拆除模板而受损坏后方可拆除，底模的拆除根据早拆体系中的规定进行。

（二）独立基础施工

独立基础施工流程：清理及浇筑垫层→钢筋绑扎→模板安装清理→混凝土浇筑→混凝土振捣→混凝土找平→混凝土养护。

1. 清理及浇筑垫层

地基验槽完成后，清除表面浮土及扰动土，不留积水，立即进行垫层混凝土施工，垫层混凝土必须振捣密实，表面平整，严禁晾晒基土。

2. 独立基础钢筋绑扎

垫层浇灌完成，混凝土强度达到 1.2MPa 后，表面弹线，进行钢筋绑扎（图6-6）。钢筋绑扎不允许漏扣，柱插筋弯钩部分必须与底板筋呈 45°绑扎。连接点处必须全部绑扎，距底板 5cm 处绑扎第一个箍筋，距基础顶 5cm 处绑扎最后一个箍筋，作为标高控制筋及定位筋。柱插筋最上部再绑扎一道定位筋，上下箍筋及定位箍筋绑扎完成后将柱插筋调整到位，并用井字木架临时固定，然后绑扎剩余箍筋，保证柱插筋不变形走样。两道定位筋在基础混凝土浇筑完成后，必须进行更换。

图6-6　独立基础钢筋绑扎

3. 模板安装

钢筋绑扎及相关施工完成后立即进行模板安装，模板采用小钢模或木模，利用架子管或木方加固。锥形基础坡度 >30°时，采用斜模板支护，利用螺栓与底板钢筋拉紧，防止上浮，模板上设透气孔和振捣孔；锥形基础坡度 ≤30°时，利用钢丝网（间距 30cm）防止混凝土下坠，上口设井字木控制钢筋位置。不得让重物冲击模板，不准在吊绑的模板上搭设脚手架，以保证模板的牢固和严密。

图6-7　独立基础混凝土浇筑

4. 清理

清除模板内的木屑、泥土等杂物，木模板浇水湿润，堵严板缝和孔洞。

5. 混凝土浇筑

混凝土浇筑（图6-7）应分层连续进行，间歇时间不超过混凝土初凝时间，一般不超过 2h。为保证钢筋位置正确，可先浇一层 5~10cm 的混凝土以固定钢筋。

对于台阶形基础，每层台阶高度整体浇筑，每浇筑完一层台阶可停顿 0.5h 待其下沉，再浇上一层。分层下料，每层厚度为振动棒的有效长度。防止由于下料过后，因振捣不实或漏振、吊绑的根部砂浆涌出等原因造成蜂窝、麻面或孔洞。

6. 混凝土振捣

混凝土振捣（图 6-8）时采用插入式振捣器，插入的间距不大于振捣器作用部分长度的 1. 25 倍。上层振捣棒插入下层 3～5cm。尽量避免碰撞预埋件和预埋件螺栓，以防止预埋件移位。

7. 混凝土找平

混凝土浇筑后，表面比较大的混凝土使用平板振捣器振一遍，然后用刮杆刮平，再用木抹子搓平。收面前必须校核混凝土表面标高，不符合要求处立即整改。

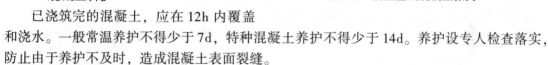

图 6-8　独立基础混凝土振捣

8. 混凝土养护

已浇筑完的混凝土，应在 12h 内覆盖和浇水。一般常温养护不得少于 7d，特种混凝土养护不得少于 14d。养护设专人检查落实，防止由于养护不及时，造成混凝土表面裂缝。

9. 施工要点

1）顶板的弯起钢筋、负弯矩钢筋绑扎好后，应做保护，不准在上面踩踏行走。浇筑混凝土时派钢筋工专门负责修理，保证负弯矩钢筋位置的正确性。

2）泵送混凝土时，注意不要将混凝土泵车内剩余混凝土降低到 20cm 以下，以免吸入空气。

3）控制坍落度，在搅拌站及现场由专人管理，每隔 2～3h 测试一次。

（三）筏形基础施工

筏形基础施工流程：模板加工及拼装→钢筋制作和绑扎→混凝土浇筑、振捣及养护。

1. 模板加工及拼装

1）模板通常采用定型组合钢模板，采用 U 形环连接。垫层面清理干净后，先分段拼装，模板拼装（图 6-9）前先刷好隔离剂（隔离剂主要用机油）。

图 6-9　筏形基础模板拼装

外围模板的主要规格为 1500mm×300mm、1200mm×300mm、900mm×300mm、600mm×

300mm。模板支撑在下部的混凝土垫层上，水平支撑用钢管及圆木短柱、木楔等支在四周基坑侧壁上。

基础梁上部比筏板面高出的50mm侧模用100mm宽组合钢模板拼装，用钢丝拧紧，中间用垫块或钢筋头支撑，以保证梁的截面尺寸。模板边顺直拉线矫正，轴线、截面尺寸根据垫层上的弹线检查矫正。模板加固检验完成后，用水准仪定标高，在模板面上弹出混凝土上表面水平线，作为控制混凝土标高的依据。

2）拆模的顺序为：先拆模板的支撑管、木楔等→松连接件→再拆模板→清理→分类归堆。拆模前混凝土要达到一定强度，保证拆模时不损坏棱角。

2. 钢筋制作和绑扎

1）对于受力钢筋，Ⅰ级钢筋末端（包括用作分布钢筋的光圆钢筋）做180°弯钩时，弯弧内直径不小于2.5d，弯后的平直段长度不小于3d。对于螺纹钢筋，当设计要求做90°或135°弯钩时，弯弧内直径不小于5d。对于非焊接封闭筋，末端做135°弯钩时，弯弧内直径除不小于2.5d外，还不应小于箍筋内受力纵筋直径，弯后的平直段长度不小于10d。

2）钢筋绑扎施工前，在基坑内搭设高约4m的简易暖棚，以遮挡雨雪及保持基坑气温，避免垫层混凝土在钢筋绑扎期间遭受冻害。立柱用ϕ50钢管，间距为3.0m，顶部纵横向平杆均用ϕ50钢管。组成的管网孔尺寸为1.5m×1.5m，其上铺木板、方钢管等，在木板上覆彩条布，然后满铺草帘。棚内照明用普通白炽灯泡，设两排，间距5m。

3）基础梁及筏板筋的绑扎（图6-10）流程：弹线→纵向梁筋绑扎、就位→筏板纵向下层筋布置→横向梁筋绑扎、就位→

图6-10 筏形基础钢筋现场绑扎

筏板横向下层筋布置→筏板下层网片绑扎→支撑马凳筋布置→筏板横向上层筋布置→筏板纵向上层筋布置→筏板上层网片绑扎。

4）筏板内受力筋及分布筋采用绑扎搭接，搭接位置及搭接长度按设计要求。基础架纵筋采用单面（双面）搭接电弧焊，焊接接头位置及焊缝长度按设计及规范要求，焊接试件按规范要求留置、试验。

3. 混凝土浇筑、振捣及养护

1）按照事先安排的顺序进行，若建筑面积较大，应划分施工段并分段浇筑。

2）搅拌时采用石子→水泥→砂或砂→水泥→石子的投料顺序，搅拌时间不少于90s，保证拌合物搅拌均匀。

3）混凝土振捣采用插入式振捣棒。振捣时振捣棒要快插慢拔，插点均匀排列，逐点移动，顺序进行，以防漏振。插点间距约40cm。振捣至混凝土表面出来浆、不再泛气泡时即可。

4）浇筑混凝土（图6-11）应连续进行，若因非正常原因造成浇筑暂停，当停歇时间超过水泥初凝时间时，接槎处按施工缝处理。施工缝应留直槎，继续浇筑混凝土前对施工缝的处理方法为：先剔除接槎处的浮动石子，再摊少量高强度等级的水泥砂浆，均匀撒开，然后浇筑混凝土，并振捣密实。

浇筑筏形混凝土时无须分层，可一次浇筑成型，虚摊混凝土时比设计标高先稍高一些，待振捣均匀密实后用木抹子按标高线搓平即可。

图 6-11 筏形基础混凝土浇筑

4. 施工要点

1）开挖基坑时应注意保持基坑底土的原状结构，尽量不要扰动。当采用机械开挖基坑时，在基坑地面设计标高以上保留 200~400mm 厚土层，采用人工挖除并清理干净。如果不能立即进行下道工序施工，应保留 100~200mm 厚土层，在下道工序施工前挖除，以防止地基土被扰动。在基坑验槽后，应立即浇筑混凝土垫层。

2）基础浇筑完毕，表面应覆盖和进行洒水养护，并防止浸泡地基。待混凝土强度达到设计强度的 25% 以上时，即可拆除梁的侧模。

3）当混凝土基础达到设计强度的 30% 时，应进行基坑回填。基坑回填应在四周同时进行，并按基底排水方向由高到低分层进行。

第三节　单层钢结构安装

一、单层钢结构安装一般规定

1）单层钢结构安装工程可按变形缝和空间刚度单元等划分成一个或若干个检验批。地下钢结构按不同地下层划分检验批。

2）钢结构安装检验批应在进场验收和焊接连接、紧固件连接及制作等分项工程验收合格的基础上进行验收。

3）安装的测量校正、高强螺栓安装、负温度下施工及焊接工艺等，应在安装前进行工艺试验或评定，并应在此基础上制定相应的施工工艺或方案。

4）安装偏差的检测，应在结构形成空间刚度单元连接固定后进行。

5）安装时，必须控制屋面、楼面、平台等的施工荷载和冰雪荷载等，严禁使其超过桁架、楼面板、屋面板、平台铺板等的承载能力。

6）在形成空间刚度单元后，应及时对柱底板和基础顶面的空隙进行细石混凝土和灌浆料等二次浇灌。

7）起重机梁或直接承受动力荷载的梁其受拉翼缘、起重机桁架或直接承受动力荷载的桁架，其受拉弦杆上不得焊接悬挂物和卡具等。

二、起重机参数选择

一般吊装设备多按履带式、轮胎式、汽车式、塔式的顺序选用。具体可按以下方式选择：

1）对高度不大的中、小型厂房，应先考虑使用可全回转使用、移动方便的 100～150kN 履带式起重机（图6-12）和轮胎式起重机（图6-13）吊装。

2）大型工业厂房主体结构的高度和跨度较大、构件较重，宜采用 500～700kN 履带式起重机和 350～1000kN 汽车式起重机（图6-14）吊装。

3）大跨度且很高的重型工业厂房的主体结构吊装，宜选用塔式起重机（图6-15）吊装。

图6-12　履带式起重机　　图6-13　轮胎式起重机　　图6-14　汽车式起重机　　图6-15　塔式起重机

4）对厂房大型构件，可采用重型塔式起重机和塔桅起重机吊装。

5）缺乏起重设备或吊装工作量不大、厂房不高的，可考虑采用独脚桅杆、人字桅杆、悬臂桅杆及回转式桅杆（桅杆式起重机）吊装，其中回转式桅杆起重机最适于单层钢结构厂房的综合吊装；对重型厂房也可采用塔桅式起重机进行吊装。

起重机的类型确定之后，还需要进一步选择起重机的型号及起重臂的长度。所选起重机的三个工作参数：起重量、起重高度、起重半径应满足结构吊装的要求。

1）起重量。起重量必须大于所吊装构件的重量与索具重量之和。

2）起重高度。起重高度必须满足所吊装构件的吊装高度要求。

3）起重半径。当起重机可以不受限制地开到所安装构件附近时，可不验算其起重半径。但当起重机受限制不能靠近吊装位置去吊装构件时，则应验算当起重机的起重半径为一定值时的起重量与起重高度能否满足安装构件的要求。

同一种型号的起重机可能具有几种不同长度的起重臂，应选择一种既能满足三个吊装工作参数的要求而又最短的起重臂。但有时由于各种构件吊装工作参数相差过大，也可选择几种不同长度的起重臂。例如，吊装柱子可选用较短的起重臂，吊装屋面结构则宜选用较长的起重臂。

三、吊装方法的选择

装配式钢结构构件吊装过程中常用的方法有节间吊装法、分件吊装法和综合吊装法，其具体内容见表6-3。

表6-3　常用吊装方法及优缺点

方法	内容	优缺点
节间吊装法	起重机在厂房内一次开行中，依次吊完一个节间各类型构件，即先吊节间柱，并立即校正、固定、灌浆，然后吊装地梁、柱间支撑、墙梁（连续梁）、起重机梁、走道板、柱头系杆（托架）、屋架、天窗架、屋面支撑系统、屋面板和墙板等构件，一个（或几个）节间的构件全部吊装完后，起重机再向前移至下一个（可几个）节间，再吊装下一个（或几个）节间全部构件，直至吊装完成	优点：起重机开行路线短，停机一次至少吊完一个节间，不影响其他工序，可进行交叉平行流水作业，缩短工期；构件制作和吊装误差能被及时发现并加以纠正；吊完一个节间，校正固定一个节间，结构整体稳定性好，有利于保证工程质量 缺点：需用起重量大的起重机同时吊各类构件，不能充分发挥起重机效率，无法组织单一构件连续作业；各类构件必须交叉配合，场地构件堆放过密，吊具、索具更换频繁，准备工作复杂；校正工作零碎、困难；柱子固定需一定时间，难以组织连续作业，拖长吊装时间，吊装效率较低；操作面窄，较易发生安全事故
分件吊装法	采用分件吊装法时，应先将构件按其结构特点、几何形状及其相互联系进行分类。同类构件按顺序一次吊装完后，再进行另一类构件的安装，如起重机一次开行中先吊装厂房内所有柱子，待校正、固定并灌浆后，依次按顺序吊装地梁、柱间支撑、墙梁、起重机梁、托架（托梁）、屋架、天窗架、屋面支撑和墙板等构件，直至整个建筑物吊装完成。屋面板的吊装有时在屋面上单独用1～2台的台灵桅杆或屋面小起重机来进行	优点：起重机在一次开行中仅吊装一类构件，吊装内容单一，准备工作简单，校正方便，吊装效率高；柱子有较长的固定时间，施工较安全；与节间法相比，可选用起重量小一些的起重机吊装，可利用改变起重臂杆长度的方法，分别满足各类构件吊装起重量和起升高度的要求，能有效发挥起重机的效率，构件可分类在现场顺序预制、排放，场外构件可按先后顺序组织供应；构件预制吊装、运输、排放条件好，易于布置 缺点：起重机开行频繁，增加机械台班费用；起重臂长度改换需一定时间，不能按节间尽早为下道工序创造工作面，阻碍了工序的穿插，吊装工期相对较长，屋面板吊装需要辅助机械设备
综合吊装法	此法是将全部或一个区段的柱头以下部分的构件用分件法吊装，即柱子吊装完毕后并校正固定，待柱杯口二次灌浆混凝土达到70%设计强度后，再按顺序吊装地梁、柱间支撑、起重机梁走道板、墙梁、托架（托梁），接着逐个节间综合吊装屋面结构构件，包括屋架、天窗架、屋面支撑系统和屋面板等构件	本法保持了节间吊装法和分件吊装法的优点，而避免了其缺点，能最大限度地发挥起重机的能力和效率，缩短工期，是实际施工中运用最多的一种方法

四、钢柱基础浇筑

为了保证地脚螺栓位置准确，施工时可用钢材做固定架，将地脚螺栓安置在与基础模板分开的固定架上，然后浇筑混凝土。为保证地脚螺栓螺纹不受损伤，应涂黄油并用套子套住。

为了保证基础顶面标高符合设计要求，可根据柱脚形式和施工条件，采用下面两种方法。

（1）一次浇筑法　将柱脚基础支承面混凝土一次浇筑到设计标高。为了保证支承面标高准确，首先将混凝土浇筑到比设计标高低 20~30mm 处，然后在设计标高处设角钢或槽钢制导架，测准其标高，再以导架为依据用水泥砂浆精确找平到设计标高（图6-16）。采用一次浇筑法，可免除柱脚二次浇筑的工作，但要求钢柱制作十分精确，且要保证细石混凝土与下层混凝土的紧密粘结。

（2）二次浇筑法 柱脚支承面混凝土分两次浇筑到设计标高。第一次将混凝土浇筑到比设计标高低 40~60mm 处，待混凝土达到一定强度后，放置钢垫板并精确校准钢垫板的标高，然后吊装钢柱。当钢柱校正后，在柱脚底板下浇筑细石混凝土（图6-17）。二次浇筑法虽然多了一道工序，但钢柱容易校正，故重型钢柱多采用此法。

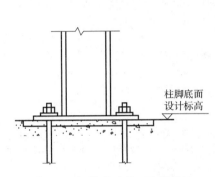

图6-16　钢柱基础的一次浇筑法

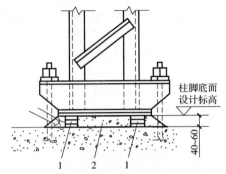

图6-17　钢柱基础的二次浇筑法
1—调整柱子用的钢垫板
2—柱子安装后浇筑的细石混凝土

五、施工安装步骤

钢构件施工安装步骤应根据建筑的特点和选用的吊装方法来制定，不同的吊装方法对应不同的安装步骤。在安装过程中必须保证结构形成稳定的结构体系，还不导致钢构件变形。

（1）采用节间吊装方法的安装步骤

1）从有柱间支撑的节间开始，先安装四根钢柱及其间的柱间支撑，使之形成稳定体系。

2）再安装此两柱间的屋面梁及次构件，这样就形成了一个稳定的安装单元。

3）最后扩展安装，依次安装钢柱、起重机梁、屋面梁等构件。安装屋面梁时能整体吊装的尽量整体吊装，不能整体吊装的屋面梁在保证刚架整体稳定性、施工安全性和方便安装的前提下合理分段吊装。如果跨间较长，也可从中间开始顺序安装两榀刚架、柱间梁、屋面斜梁、支撑、檩条，使两榀刚架与中隔墙连成整体，形成稳定的空间体系，再向两端延伸。当山墙墙架宽度较小时，可先在地面拼装好，整体起吊安装。

（2）采用分件安装方法的安装步骤

1）先吊装钢柱，钢柱吊装完成后，校正、固定并灌浆。

2）依次按顺序吊装地梁、柱间支撑、柱间系杆、墙梁、起重机梁、托架（托梁）、屋架、屋面系杆、天窗架、屋面支撑、屋面板、墙板等构件，直至整个建筑物吊装完成。

（3）采用综合吊装法的安装步骤

1）先吊装钢柱，吊装完毕后校正固定，钢柱杯口二次灌浆。

2）二次灌浆混凝土达到70%的设计强度后，按顺序吊装地梁、柱间支撑、起重机梁走道板、墙梁、托架（托梁）。

3）逐个节间综合吊装屋面结构构件，包括屋架、天窗架、屋面支撑系统和屋面板等构件。

六、钢构件安装

1. 钢柱的安装

（1）安装流程　吊装→就位、校正（图6-18）。

a）　　　　　　　　　　　　　　　b）

图 6-18　钢柱的安装

a）钢柱吊装　b）钢柱就位校正

（2）安装细节

1）钢柱的吊装一般采用自行式起重机，根据钢柱的重量、长度和施工现场条件，可采用单机、双机或三机吊装，吊装的方法可采用旋转法、滑行法和递送法等。

钢柱吊装时，吊点位置和吊点数根据钢柱形状、长度以及起重量等具体情况确定，图 6-18a 为采用一点起吊。

如果不采用焊接吊耳，直接在钢柱本身用钢丝绳绑扎时要注意两点：一是在钢柱四角做包角，以防钢丝绳折断；二是在绑扎点处，为防止工字型钢局部受挤压破坏，可增设加强肋板；吊装格构柱，在绑扎点处设支撑杆。

2）柱子吊起前，为防止地脚螺栓螺纹损伤，宜用薄钢板卷成套筒套在螺栓上，钢柱就位后，取下套筒。柱子吊起后，当柱底距离基准线达到准确位置后，指挥起重机下降就位，并拧紧全部基础螺栓，临时用缆风绳将柱子加固。

3）柱的校正包括平面位置、标高和垂直度的校正。

位移的校正可用千斤顶顶正，如图6-19a所示。

柱基标高校正可根据钢柱实际长度、柱底平整度和钢牛腿顶部距柱底部距离进行，重点要保证钢牛腿顶部标高值，以此来控制基础找平标高。具体做法：钢柱安装时，在柱底板下的地脚螺杆上加一个调整螺母，利用调整螺母控制柱子标高。

垂直度校正用经纬仪或吊线坠检验，如有偏差，采用液压千斤顶或丝杠千斤顶进行校正，底部空隙用铁片或铁垫塞紧，如图6-19b所示；也可在柱脚和基础之间打入钢楔抬高，以增减垫板校正，如图 6-19c 所示。

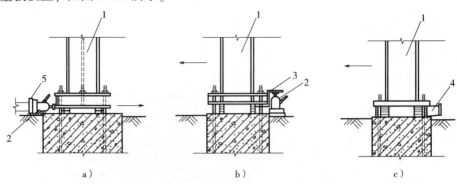

图 6-19　钢柱校正
a）用液压千斤顶校正位移　b）用千斤顶、铁垫校正垂直度　c）用钢楔校正垂直度
1—钢柱　2—小型液压千斤顶　3—工字钢顶梁　4—钢模　5—千斤顶托座

4）对于杯口基础，柱子对位时应从柱四周向杯口放入 8 个楔块，并用撬棍拨动柱脚，使柱的吊装中心线对准杯口上的吊装准线，并使柱基本保持垂直。柱对位后，应先把楔块略微打紧，再放松吊钩，检查柱沉至杯底后的对中情况，若符合要求，即可将楔块打紧，作为柱的临时固定，然后起重钩便可脱钩。吊装重型柱或细长柱时除需按上述步骤进行临时固定外，必要时应增设缆风绳拉锚。

5）柱校正后，此时缆风绳不受力，紧固地脚螺栓，并将承重钢垫板上下点焊固定，防止移动；对于杯口基础，钢柱校正后应立即进行固定，及时在钢柱脚底板下浇筑细石混凝土和包柱脚，以防已校正的柱子倾斜或移位。

6）钢柱校正固定后，随即安装柱间支撑并固定，使其成为稳定体系。

2. 钢屋架的安装

（1）安装流程　第一榀钢屋架吊装→就位、固定→第二榀钢屋架吊装→就位、校正并固定→安装第一、二榀钢屋架间的钢支撑、系杆或檩条→按照以上次序安装直至钢屋架安装完毕（图 6-20）。

图 6-20　钢屋架安装
a）钢梁吊装　b）支撑、系杆、檩条安装　c）柱梁、系杆连接节点

（2）安装细节

1）屋面梁出厂时是分段出厂的，每跨屋面梁一般分为两段或三段，每段屋面梁间由高强螺栓连接。现场跨内设置可移动式拼装台架，安装前在地面拼装成整体，然后整体吊装。

2）钢屋架通常采用两点吊装，跨度大于 21m 时，多采用三点或四点，吊点应位于屋架的重心线上，并在屋架一端或两端绑溜绳。由于屋架平面外刚度较差，一般在侧向绑两道杉木或方木进行加固。钢丝绳的水平夹角不小于 45°。

3）屋架多用高空旋转法吊装，即将屋架从摆放垂直位置吊起至超过柱顶 200mm 以上后，再旋转臂杆转向安装位置，此时起重机边回转，工人边拉溜绳，使屋架缓慢下降，平稳地落在柱头设计位置上，将屋架端部中心线与柱头中心线轴线对准。

4）第一榀屋架就位并初步校正垂直度后，应在两侧设置缆风绳临时固定，方可卸钩。

5）第二榀屋架用同样方法吊装就位后，先用杉木或木方与第一榀屋架临时连接固定，卸钩后，随即安装支撑系统和部分檩条进行最后校正固定，以形成一个具有空间刚度和整体稳定的单元体系。以后安装屋架则采取在上弦绑水平杉木杆或木方，与已安装的前榀屋架连接，保持稳定。

6）钢屋架的垂直度可用线坠、钢尺对支座和跨中进行检查；弯曲度用拉紧测绳进行检查，如不符合要求，可推动屋架上弦进行校正。

7）钢屋架临时固定，如需用临时螺栓，则每个节点穿入数量不少于安装孔总数的 1/3，且至少穿入两个临时螺栓；冲钉穿入数量不宜多于临时螺栓总数的 30%。当屋架与钢柱的翼缘连接时，应保证屋架连接板与柱翼缘板接触紧密，否则应垫入垫板使其紧密。如屋架的支承力靠钢柱上的承托板传递时，屋架端节点与承托板的接触要紧密，其接触面积不小于承压面积的 70%，边缘最大间隙不应大于 0.8mm，较大缝隙应用钢板垫实。

8）钢支撑系统，每吊装一榀屋架经校正后，随即将与前一榀屋架间的支撑系统吊上，每一大节间的钢构件经校正、检查合格后，即可用电焊、高强螺栓或普通螺栓进行最后固定。

9）天窗架安装一般采取以下两种方式。

① 将窗架单榀组装，屋架吊装校正、固定后，随即将天窗架吊上，校正固定。

② 当起重机起吊高度满足要求时，将单榀天窗架与单榀屋架在地面上组合（平拼或立拼），并按需要进行加固后，一次整体吊装。每吊装一榀，随即将与前一榀天窗架间的支撑系统及相应构件安装上。

10）檩条的安装多采用一钩多吊、逐根就位的方法，间距用样杆顺着檩条来回移动检查，如有误差，可通过放松或扭紧檩条之间的拉杆螺栓进行校正；平直度用拉线和长靠尺或钢尺检查，校正后，用电焊或螺栓最后固定。

11）屋盖构件安装连接时，若螺栓孔眼不对，不得用气割扩孔或改为焊接。每个螺栓不得用两个以上垫圈；螺栓外露丝扣长度不得少于 3 扣，并应防止螺栓螺母松动；更不得用螺母代替垫圈。精制螺栓孔不准使用冲钉，也不得用气割扩孔。构件表面有斜度时，应采用相应斜度的垫圈。

12）支撑系统安装就位后，应立即校正并固定，不得以定位点焊来代替安装螺栓或安装焊缝，以防遗漏，造成结构失稳。

13）安装后节点的焊缝或螺栓经检查合格，应及时涂底漆和面漆。设计要求用油漆腻子封闭的焊缝，应及时封好腻子后，再涂刷油漆。安装时构件表面被损坏的油漆涂层应补涂，补涂颜色应与原构件油漆颜色相同。

14）不准随意在已安装的屋盖钢构件上开孔或切断任何杆件，不得任意割断已安装好的永久螺栓。

15）利用已安装好的钢屋盖悬吊其他构件和设备时，应经设计同意，并采取措施防止损坏结构。

3. 钢起重机梁的安装

（1）安装流程　吊装测量→起重机梁绑扎→就位临时固定→校正与最后固定（图6-21）。

a）　　　　　　　　　　　　　　b）

图6-21　起重机梁的安装

a）起重机梁吊装　b）起重机梁校正、固定

（2）安装细节

1）先用水准仪测出每根钢柱上原先弹出的±0.000基准线在柱子校正后的实际变化值，水准仪的精度要求为±3mm/km。

2）一般情况下，实测起重机梁横向近牛腿处的两侧，并做好实测标记。根据各钢柱搁置起重机梁牛腿面的实测标高值，定出全部钢柱搁置起重机梁牛腿面的同一标高值，以同一标高值为基准，得出各搁置起重机梁牛腿面的标高差值。根据各个标高差值和起重机梁的实际高差来加工不同厚度的钢垫板，同一搁置起重机梁牛腿面上的钢垫板一般分层加工，以便于两根起重机梁端头高度不同的调整。

3）严格控制起重机梁定位轴线，要认真做好钢柱底部临时标高垫块的设置工作，时刻注意钢柱吊装后的位移和垂直度偏差数值，实测起重机梁搁置端部梁高的制作误差值。

4）起重机梁一般采用带卸扣的轻便吊索进行绑扎，绑扎方法有两点双斜索绑扎和两点双直索绑扎法两种，双斜索绑扎适用于一般起重机梁，用一台起重机进行吊装，吊索的倾斜角不应大于45°，如图6-21a所示为采用两点双斜索绑扎。两点双直索绑扎适用于重型起重机梁，用两台起重机起吊。

5）起重机梁的起吊均为悬吊法吊装，当起重机梁吊至设计位置时，应准确地使起重机梁轴线与安装轴线相吻合，在就位时应用经纬仪观察柱子的垂直情况，是否有因起重机梁安装而使柱子产生偏斜的情况。如果有这种情况发生，应该把起重机梁吊起，重新进行就位。就位后应立即进行临时固定，临时固定可用铁丝捆扎在柱子上。

6）起重机梁校正与最终固定。起重机梁高低校正主要是对梁端部标高进行校正。可先用起重机吊空、特殊工具抬空或者油压千斤顶顶空，然后在梁底填设垫块。

起重机梁水平方向移动校正常用撬棒、钢楔、千斤顶进行。通常重型起重机梁用油压千斤顶和链条葫芦解决水平方向移动较为方便。校正应在梁全部安装完、屋面构件校正并最后固定后进行。重量较大的起重机梁也可一边安装一边校正，校正内容包括中心线（位移）、轴线间距、标高垂直度等。纵向位移在就位时已校正，所以主要是校正横向位移。

校正起重机梁中心线与起重机跨距时，先在起重机轨道两端的地面上，根据柱轴线放出起重机轨道轴线，用钢尺校正两轴线的距离，再用经纬仪放线、钢丝挂线坠或在两端拉钢丝等方法校正。

起重机梁标高校正时，先将水平仪放置在厂房中部某一起重机梁上，或在地面上测出一定高度的水准点，再用钢尺或样杆量出水准点至梁面铺轨需要的高度，每根梁观测两端及跨中三点，根据测定标高进行校正。校正时用撬杠撬起或在柱头屋架上弦端头节点上挂倒链，将起重机梁需垫垫板的一端吊起。

起重机梁校正完毕后应立刻将起重机梁上翼板与柱上的起重机梁连接件栓接或焊接固定。

4. 钢桁架与水平支撑的安装

（1）钢桁架安装流程　桁架（整榀或分段）绑扎→就位临时固定→校正与最后固定。

（2）钢桁架安装细节

1）钢桁架可用自行杆式起重机、履带式起重机、塔式起重机等进行安装（图6-22）。由于桁架的跨度、重量和安装高度不同，适合的安装机械和安装方法也不相同。

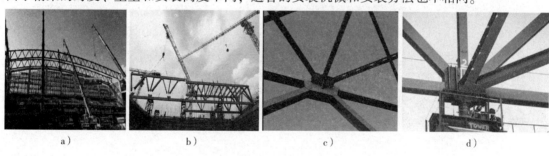

图 6-22　钢桁架的安装

a）钢桁架整体吊装　b）钢桁架分段吊装　c）、d）钢桁架安装节点

2）桁架多用悬空吊装，为使桁架在吊起后不致发生摇摆、与其他构件碰撞等现象，起吊前在支座节间附近用麻绳系牢，随吊随放松，以此保持其正确位置。

3）桁架的绑扎点要保证桁架的吊装稳定性，否则就需在吊装前进行临时加固。

4）钢桁架的侧向稳定性较差，在吊装机械的起重量和起重臂长度允许的情况下，最好经扩大拼装后进行组合吊装，即在地面上将两榀桁架及其上的天窗架、檩条、支承等拼装成整体，一次进行吊装，这样不但可提高吊装效率，也有利于保证其吊装的稳定性。

5）桁架临时固定如需用临时螺栓和冲钉，则每个节点处应穿入的数量必须由计算确定，并应符合下列规定：

① 不得少于安装孔总数的1/3。

② 至少应穿两个临时螺栓；冲钉穿入数量不宜多于临时螺栓总数的30%。

6）钢桁架要检验校正垂直度和弦杆的正直度。桁架的垂直度可用挂线锤球检验，弦杆的正直度则可用拉紧的测绳进行检验。

（3）水平支撑安装细节　吊装时，应采用合理的吊装工艺，防止构件产生弯曲变形。

应采用下列方法防止变形:

1) 如十字水平支撑长度较长、型钢截面较小、刚性较差,吊装前应用圆木杆等材料进行加固。

2) 吊点位置要合理,使其在平面内均匀受力,以吊起时不产生下挠为准。

安装时应使水平支撑稍作上拱或略大于水平状态时与屋架连接,安装后的水平支撑即可消除下挠;若连接位置发生较大偏差不能安装就位时,不宜采用牵拉工具用较大的外力强行使其入位连接,否则不仅会使屋架下弦侧向弯曲或水平支撑发生过大的上拱或下挠,还会使连接构件存在较大的结构应力。

5. 檩条的安装

(1) 整平 安装前对檩条支承进行检测和整平,对檩条逐根复查其平整度,安装的檩条间高差控制在 ±5mm 范围内。

(2) 弹线 檩条支承点应按设计要求的支承点位置固定,为此支承点应用线划出,经檩条安装定位,按檩条布置图验收。

(3) 固定 按设计要求进行焊接或螺栓固定,固定前再次调整位置,偏差控制在 ±5mm 范围内。

檩条的安装如图 6-23 所示。

a) b) c)

图 6-23　檩条安装

a) 门式刚架屋面檩条安装　b) 钢桁架屋面檩条安装　c) 墙面檩条安装

(4) 檩条安装注意事项

1) 檩条和墙梁安装时,应设置拉条并拉紧,但不应将檩条和墙梁拉弯。

2) 除最初安装的两榀刚架外,所有其余刚架间的檩条、墙檩的螺栓均应在校准后再拧紧。

6. 彩钢板的安装

彩色钢板铺设顺序,原则上是由上而下,由常年风尾方向起铺。

(1) 屋面 以山墙边做起点,由左向右或由右向左,依顺序铺设,如图 6-24a 所示。第一片板安置完毕后,沿板下缘拉准线,每片依准线安装,随时检查不使其发生偏离。铺设面用含防水垫片的自攻螺钉,沿每一板肋中心固定于檩条上。

(2) 墙板 施工原则与屋面板相同,如图 6-24b 所示。

(3) 收边 屋面(含雨篷)收边料搭接处须以含防水垫片自攻螺钉固定。屋脊盖板及檐口泛水(含天沟)须铺塞山型发泡 PE 封口条。收边板施工固定方式,若现场丈量需做变更时,以确认后制作图为准。

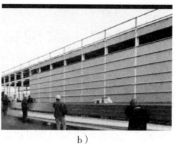

a)   b)

图 6-24 彩钢板安装

a）屋面板铺装 b）墙面板铺装

收边的安装如图 6-25 所示。

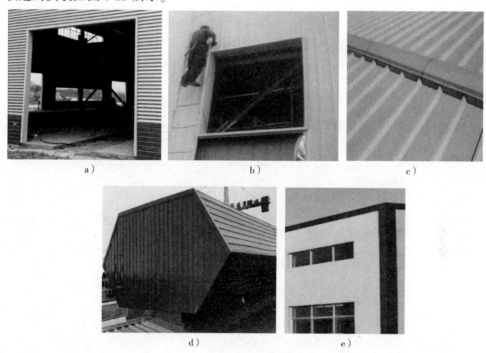

图 6-25 收边的安装

a）门收边 b）窗收边 c）屋脊收边 d）天窗架收边 e）墙角及房顶边缘收边

（4）安装注意事项

1）彩色钢板切割时，其外露面应朝下，以避免切割时产生的锉屑贴附于涂膜面，引起面屑气化。

2）施工人员在屋面行走时，沿排水方向应踏于板谷，沿檩条方向应踏于檩条上，且须穿软质平底鞋。

3）屋面须做纵向（排立向）搭接时，搭接长度应在 150mm 以上，止水胶依设计图施作，其搭接位置应该在衍条位置上，墙面搭接长应在 100mm 以上，搁置于檩条上。

4）自攻螺钉固定于肋板，其凹陷以自攻螺丝底面与肋板中线齐为原则。

第四节 多层及高层钢结构安装

一、钢结构安装条件及要求

1）钢结构的安装程序必须确保结构的稳定性和不导致永久的变形。

2）经总承包检查，安装支座或基础验收均合格。

3）构件安装前应清除附在表面上的灰尘、冰雪、油污和泥土等杂物。

4）钢结构构件的安装程序应保证成套供应。现场堆放场地能满足现场拼装及顺序安装的需要。

5）构件在工地制孔、组装、焊接和铆接以及涂层等的质量要求均应符合有关规定。

6）检查构件在装卸、运输及堆放中有无损坏或变形。损坏或变形的构件应予以矫正或重新加工。被碰坏损的防腐底漆应补涂，并再次检查办理验收合格。

二、多层及高层钢构件吊装方法的选择

多层及高层钢构件吊装常采用综合和分件吊装两种方法，主要内容见表6-4。

表6-4 吊装方法的分类

吊装方法	主要内容	适用范围
综合吊装	（1）用1或2台履带式起重机在跨内开行，起重机在一个节间内将各层构件一次吊装到顶，并由一端向另一端开行，采用综合法逐间逐层把全部构件安装完成 （2）一台起重机在所在的跨用综合吊装法，其他相邻跨采用分层分段流水吊装进行。为了保证已吊装好结构的稳定，每一层结构构件吊装均需在下一层结构固定完毕和接头混凝土强度等级达到设计强度70%后进行。同时应尽量缩短起重机往返行驶路线，并在吊装中减少变幅和更换吊点的次数，妥善考虑吊装、校正、焊接和灌浆工序的衔接，以及工人操作方便和安全	适用于构件重量较大和层数不多的框架结构吊装
分件吊装	用一台塔式起重机沿跨外侧或四周开行、逐类构件依次分层吊装。根据流水方式的不同，可分为分层分段流水吊装和分层大流水吊装两种 （1）分层分段流水吊装是将每一楼层（柱为两层一节时，取两个楼层为一个施工层）根据劳力组织（安装、校正、固定、焊接及灌浆等工序的衔接）以及机械连接作业的需要，分为2~4段进行分层流水作业 （2）分层大流水吊装是指不分段进行分层吊装	适用于面积不大的多层框架吊装

三、钢柱基础要求

1）钢结构安装前应对建筑物的定位轴线、基础轴线和标高、地脚螺栓位置、规格等进行检查，并应进行基础检测和办理交接验收。当基础工程分批进行交接时，每次交接验收不应少于一个安装单元的柱基基础，并应符合下列规定：

① 基础混凝土强度达到设计要求。

② 基础周围回填夯实完毕。

2）基础标高的调整应根据钢柱的长度、钢牛腿和柱脚距离来决定基础标高的调整数值。

通常，基础标高调整时，双肢柱设两个点，单肢柱设一个点，其调整方法如下：根据标高调整数值，用压缩强度为55MPa的无收缩水泥砂浆制成无收缩水泥砂浆标高控制块（图6-26），用无收缩水泥砂浆标高控制块进行调整，标高调整的精度较高（可达±1mm以内）。

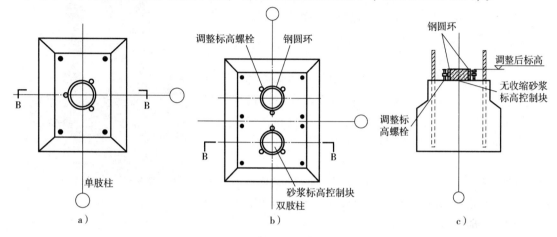

图 6-26 基础标高调整示意图

a）单肢柱基础标高调整 b）双肢柱基础标高调整 c）基础标高调整剖面示意图

四、施工安装步骤

1. 采用综合吊装法的安装步骤

1）从一端或中间有柱间支撑处开始安装一节柱，先安装四根柱及其柱间的主梁、次梁，并使之形成稳定体系。

2）依次向另一端由下向上逐层安装钢柱、主梁、次梁。

3）安装与楼层配套的楼梯，方便以上楼层施工安装。

4）安装第一节柱间的楼承板。

5）按以上次序循环安装第二节柱及其柱间的主梁、次梁、配套的楼梯、楼承板。

2. 采用分件吊装法的安装步骤

1）安装第一节钢柱。

2）由下向上安装与第一节钢柱间的主梁、次梁。

3）安装与楼层配套的楼梯。

4）安装第一节钢柱间的楼层板。

5）依据以上次序逐节逐层向上安装至顶层。

五、钢构件安装

1. 钢柱安装

（1）安装流程 吊装→就位→校正，如图6-27所示。

（2）安装细节

1）钢柱吊装。起吊时钢柱应垂直，尽量做到回转扶直，在起吊回转过程中，应避免同其他已经安装的构件相撞。吊索应预留有效的高度，起吊扶直前将登高爬梯和挂篮等挂设在钢柱预定位置上，并绑扎牢固，就位后临时固定地脚螺栓，校正垂直度；柱接长时，上节钢柱对准下节钢柱的顶中心，然后用螺栓固定钢柱两侧临时固定用连接板，钢柱安装到位，对准轴线，临时固定牢固后才能松开钩子。

图6-27　钢柱安装

2）钢柱校正。钢柱校正主要是控制钢柱的水平标高、T字轴线位置和垂直度，在整个过程中以测量为主，并应满足以下要求。

① 每根钢柱需重复多次校正和观测垂直偏差值。先在起重机脱钩后用电焊钳进行校正；由于点焊时钢筋接头冷却收缩会使钢柱偏移，点焊完成后需二次校正；梁、板安装后需再次校正。对数层一节的长柱，在每层梁安装前后均需校正，以免产生误差累积。

② 当下柱出现偏差，一般在上节柱的底部就位时，可对准下节柱中心线和标准中心线的中点各借1/2，而上节柱的顶部仍应以标准中心线为准。

③ 柱子垂直度允许偏差为$h/1000$（h为柱高），但不大于20mm。中心线对定位轴线的位移不得超过5mm，上、下柱接口中心线位移不得超过3mm。

④ 多节钢柱校正比普通钢柱校正更为复杂，实际操作中要对每根钢柱下节柱重复多次校正。

2. 构件接头施工

钢结构现场接头主要是柱与柱、柱与梁、主梁与次梁、梁拼接、支撑、楼梯及支撑等，主要采用栓焊结合的方式连接。接头形式、焊缝等级要符合设计图纸的要求。

1）多层、高层钢结构的现场焊接顺序应按照力求减少焊接变形和降低焊接应力的原则加以确定。

① 在平面上，从中心框架向四周扩展焊接。

② 先焊收缩量大的焊缝，再焊收缩量小的焊缝。

③ 对称施焊。

④ 同一根梁的两端不能同时焊接（先焊一端，待其冷却后再焊另一端）。

2）当节点或接头采用腹板栓接、翼缘焊接形式时，翼缘焊接宜在高强螺栓终拧后进行。

3）钢柱之间常用坡口电焊连接，连接构造如图6-28所示。上节柱和梁经校正及固定后再进行柱接头焊接。柱与柱接头焊接宜在本层梁与柱连接完成之后进行。施焊时，应由两名焊工在相对称位置以相等速度同时施焊。

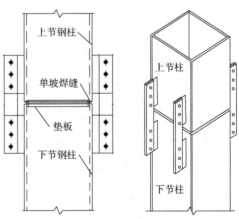

图6-28　上、下柱连接构造

① 单根箱形柱节点的焊接顺序如图6-29所示。由两名焊工对称、逆时针转圈施焊。起始焊点距柱棱角50mm，层间起焊点互相错开50mm以上，直至焊接完成。焊至转角处时放慢速度，保证焊缝饱满。焊接结束后，将柱连接耳板割除并打磨平整。

② H 形钢柱节点的焊接顺序如图 6-30 所示，先焊翼缘焊缝，再焊腹板焊缝，翼缘板焊接时两名焊工对称、反向焊接。

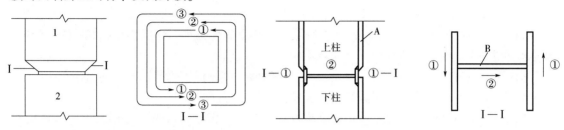

图 6-29　单根箱形柱节点的焊接顺序
1—上柱　2—下柱　①～③表示焊接顺序

图 6-30　H 形钢柱节点焊接顺序
A—翼缘　B—腹板　①、②表示焊接顺序和焊接走向

4）主梁与钢柱的连接一般为刚接，上下翼缘用坡口电焊连接，腹板用高强度螺栓连接，连接构造如图 6-31 所示。

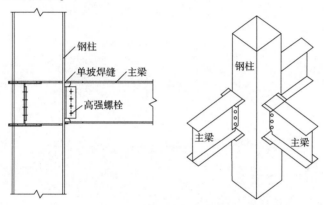

图 6-31　主梁与钢柱连接构造

① 柱与梁的焊接顺序为：先焊接顶部梁柱节点，再焊接底部梁柱节点，最后焊接中间部分梁柱节点；同一层梁、柱接头焊接顺序如图 6-32 所示；单根梁与柱接头的焊缝，宜先焊梁的下翼缘，再焊其上翼缘，上、下翼缘的焊接方向相反。

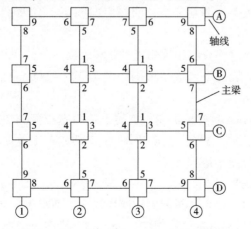

图 6-32　同一层梁、柱接头焊接顺序

② 梁、柱接头的焊接通常在梁上、下翼板焊缝位置设有垫板，为保证起始焊缝质量，垫板长度宜宽出梁翼板 3 倍焊缝的厚度，譬如：梁宽 200mm，焊缝厚度设计要求为 10mm，则垫板长度宜为 200 + 10 × 3 × 2 = 260（mm）。

5）对于板厚大于或等于 25mm 的焊缝接头，用多头烤枪进行焊前预热和焊后的热处理，预热温度为 60 ~ 150℃，后热温度为 200 ~ 300℃，恒温 1h。

6）手工电弧焊时，当风速大于 5m/s（五级风），气体保护焊时，当风速大于 3m/s（二级风），均应采取防风措施方能施焊，雨天应停止焊接。

7）焊接工作完成后，焊工应在焊缝附近打上自己的钢印。焊缝应按要求进行外观检查和无损检测。

8）次梁与主梁的连接一般为铰接，基本上在腹板处用高强度螺栓连接，只有少量再在上、下翼缘处用坡口电焊连接（图6-33）。

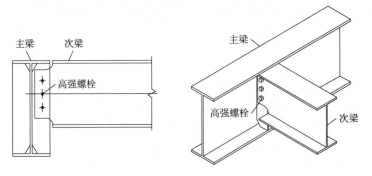

图 6-33　次梁与主梁连接构造

3. 钢梯、钢平台和防护栏安装

（1）钢直梯安装　钢直梯的安装有如下规定：

1）钢直梯应采用性能不低于 Q235A·F 的钢材。

2）梯梁应采用不小于 L50 × 50 × 5 的角钢或 −60 × 8 的扁钢。

3）踏棍宜采用不小于 φ20 的圆钢，间距宜为 300mm，等距离分布。

4）支撑应采用角钢、钢板或钢板组焊成的 T 形钢制作，埋设或焊接时必须牢固可靠。

5）无基础的钢直梯至少焊两对支撑，支撑竖向间距不宜大于 3000mm，最下端的踏棍距基准面距离不宜大于 450mm。

6）钢直梯每组踏棍的中心线与建筑物或设备外表面之间的净距离不得小于 150mm。

7）侧进式钢直梯中心线至平台或屋面的距离为 380 ~ 500mm，梯梁与平台或屋面之间的净距离为 180 ~ 300mm。

8）梯段高度超过 300mm 时应设护笼，护笼下端距基准面为 2000 ~ 2400mm，护笼上端高出基准面应与《固定式钢梯及平台安全要求 第 3 部分：工业防护栏杆及钢平台》（GB 4053.3—2009）中规定的栏杆高度一致。

9）护笼直径为 700mm，其圆心距踏棍中心线为 350mm。水平圈采用不小于 −40 × 4 的扁钢，间距为 450 ~ 750mm，在水平圈内侧均布焊接 5 根不小于 −25 × 4 的扁钢垂直条。

10）钢直梯最佳宽度为 500mm。由于工作面所限，攀登高度在 5000mm 以下时，梯宽可适当缩小，但不得小于 300mm。

11) 钢直梯上端的踏板应与平台或屋面平齐, 其间隙不得大于 300mm, 并在直梯上端设置高度不低于 1050mm 的扶手。

12) 梯段高不宜大于 9m。超过 9m 时宜设梯间平台, 以分段交错设梯。攀登高度在 15m 以下时, 梯间平台间距为 5~8m; 超过 15m 时, 每 5 段设一个梯间平台。平台应设安全防护栏杆。

13) 钢直梯全部采用焊接连接, 焊接要求应符合《钢结构工程施工质量验收标准》(GB 50205—2020) 的规定。所有构件表面应光滑无毛刺。安装后的钢直梯不应有歪斜、扭曲、变形及其他缺陷。

14) 固定在平台上的钢直梯应下部固定, 其上部的支撑与平台梁固定, 在梯梁上开设长圆孔, 采用螺栓连接。

15) 钢直梯安装后必须认真除锈并做防腐涂装。

16) 荷载规定:

① 踏棍按在中点承受 1kN 集中活荷载计算, 容许挠度不大于踏棍长度的 1/250。

② 梯梁按组焊后其上端承受 2kN 集中活荷载计算 (高度按支撑间距选取, 无中间支撑时按两端固定点距离选取), 容许长细比不宜大于 200。

(2) 固定钢斜梯安装 依据《固定式钢梯及平台安全要求 第 2 部分: 钢斜梯》(GB 4053.2—2009) 和《钢结构工程施工质量验收标准》(GB 50205—2020), 固定钢斜梯的安装规定如下:

1) 不同坡度的钢斜梯, 其踏步高 R、踏步宽 t 的尺寸见表 6-5, 其他坡度按直线插入法取值。

表 6-5 钢斜梯踏步高和宽

坡度 α	30°	35°	40°	45°	50°	55°	60°	65°	70°	75°
高 R/mm	160	175	185	200	210	225	235	245	255	265
宽 t/mm	280	250	230	200	180	150	135	115	95	75

2) 常用的坡度和高跨比 ($H:L$) 见表 6-6。

表 6-6 钢斜梯踏步高跨比

坡度 α	45°	51°	55°	59°	73°
高跨比 ($H:L$)	1:1	1:0.8	1:0.7	1:0.6	1:0.3

3) 梯梁钢材采用性能不低于 Q235A·F 的钢材, 其截面尺寸应通过设计计算确定。

4) 踏板采用厚度不小于 4mm 的花纹钢板或经防滑处理的普通钢板, 或采用由 -25×4 的扁钢和小角钢组焊成的格子板。

5) 扶手高应为 900mm, 或与《固定式钢梯及平台安全要求 第 3 部分: 工业防护栏杆及钢平台》(GB 4053.3—2009) 中规定的栏杆高度一致, 采用外径为 30~50mm、壁厚不小于 2.5mm 的管材。

6) 立柱宜采用截面不小于 L40×4 的角钢或外径为 30~50mm 的管材, 从第一级踏板开始设置, 间距不宜大于 1000mm, 横杆采用直径不小于 16mm 的圆钢或 30mm×4mm 的扁钢, 固定在立柱中部。

7）梯宽宜为700mm，最大不宜大于1100mm，最小不宜小于600mm。

8）梯高不宜大于5m，大于5m时，宜设梯间平台，分段设梯。

9）钢斜梯应全部采用焊接连接，焊接要求符合《钢结构工程施工质量验收标准》（GB 50205—2020）。

10）所有构件表面应光滑无毛刺，安装后的钢斜梯不应有歪斜、扭曲、变形及其他缺陷。

11）钢斜梯安装后，必须认真除锈并做防腐涂装。

12）荷载规定，钢斜梯活荷载应按实际要求采用，但不得小于下列数值：

① 钢斜梯水平投影面上的活荷载标准取3.5kN/m²。

② 踏板中点集中活荷载取1.5kN/m²。

③ 扶手顶部水平集中活荷载取0.5kN/m²。

④ 挠度不大于受弯构件跨度的1/250。

（3）平台、栏杆安装

1）平台钢板应铺设平整，与承台梁或框架密贴、连接牢固，表面有防滑措施。

2）栏杆安装连接应牢固可靠，扶物转角应光滑。

3）平台、梯子和栏杆安装的允许偏差应符合表6-20的规定。

4. 高层、多层钢结构施工安装精度

1）建筑物定位轴线、基础上柱定位轴线和标高应满足设计要求，设计无要求时允许偏差见表6-7。

表6-7 建筑物定位轴线、基础上柱的定位轴线和标高的允许偏差 （单位：mm）

项目	允许偏差	图例
建筑物定位轴线	$l/20000$，且不应大于3.0	
基础上柱的定位轴线	1.0	
基础上柱底标高	±3.0	

2）基础顶面直接作为柱的支承面或以基础顶面预埋钢板或支座作为柱的支承面时，其支承面、地脚螺栓（锚栓）位置的允许偏差见表6-8。

表 6-8　支承面、地脚螺栓（锚栓）位置的允许偏差　　　　　（单位：mm）

项目		允许偏差
支承面	标高	±3.0
	水平度	$l/1000$
地脚螺栓（锚栓）	螺栓中心偏移	5.0
	预留孔中心偏移	10.0

3）座浆垫板允许偏差见表 6-9。

表 6-9　座浆垫板的允许偏差　　　　　（单位：mm）

项目	允许偏差
顶面标高	0 −3.0
水平度	$l/1000$
平面位置	20.0

注：l 为垫板长度。

4）采用插入式或埋入式柱脚时，杯口尺寸的允许偏差见表 6-10。

表 6-10　杯口尺寸的允许偏差　　　　　（单位：mm）

项目	允许偏差
底面标高	0 −5.0
杯口深度 H	±5.0
杯口垂直度	$h/1000$，且不大于 10.0
柱脚轴线对柱定位轴线的偏差	1.0

注：h 为底层柱的高度。

5）地脚螺栓（锚栓）尺寸偏差见表 6-11。

表 6-11　地脚螺栓（锚栓）尺寸偏差　　　　　（单位：mm）

螺栓（锚栓）直径	项目	
	螺栓（锚栓）外露长度	螺栓（锚栓）螺纹长度
$d \leqslant 30$	0 1.2d	0 1.2d
$d > 30$	0 1.0d	0 1.0d

6）钢构件安装允许偏差见表 6-12 ~ 表 6-25。

表 6-12　钢柱安装的允许偏差　　　　　（单位：mm）

项目		允许偏差	图例	检验方法
柱脚底座中心线对定位轴线的偏移 Δ		5.0		用吊线和钢尺等实测
柱子定位轴线偏移 Δ		1.0		—
柱基准点标高	有起重机梁的柱	+3.0 −5.0	基准点	用水准仪等实测
	无起重机梁的柱	+5.0 −8.0		
弯曲矢高		$H/1200$，且不大于 15.0	—	
柱轴线垂直度	单层柱	$H/1000$，且不大于 25.0		用经纬仪或拉线和钢尺等实测
	多层柱　单节柱	$H/1000$，且不大于 10.0		用经纬仪或吊线和钢尺等实测
	多层柱　柱全高	35.0		
钢柱安装偏差		3.0		用钢尺等实测
同一层柱的各柱顶高度差 Δ		5.0		用全站仪、水准仪等实测

表 6-13　柱的工地拼接接头焊缝组间隙的允许偏差　　（单位：mm）

项目	允许偏差
无垫板间隙	+3.0 0
有垫板间隙	+3.0 -2.0

表 6-14　钢屋（托）架、钢桁架、梁垂直度和侧向弯曲矢高的允许偏差　　（单位：mm）

项目	允许偏差		图例
跨中的 垂直度	$h/250$，且不大于 15.0		
侧向弯曲 矢高 f	$l \leqslant 30m$	$l/1000$，且不大于 10.0	
	$30m < l \leqslant 60m$	$l/1000$，且不大于 30.0	
	$l > 60m$	$l/1000$，且不大于 50.0	

表 6-15　钢起重机梁安装的允许偏差　　（单位：mm）

项目		允许偏差	图例	检验方法
梁的跨中垂直度 Δ		$h/500$		用吊线和钢尺 检查
侧向弯曲矢高		$l/1500$， 且不大于 10.0	—	
垂直上拱矢高		10.0		
两端支座 中心位移	安装在钢柱 上时，对牛腿 中心的偏移	5.0		用拉线和钢尺 检查
	安装在混凝土 柱上时，对定位 轴线的偏移	5.0		
起重机梁支座加劲板中心与 柱子承压加劲板中心的偏移 Δ_1		$t/2$		用吊线和钢尺 检查

（续）

项目		允许偏差	图例	检验方法
同跨间内同一横截面起重机梁顶面高差 Δ	支座处	$l/1000$，且不大于 10.0		用经纬仪、水准仪和钢尺检查
	其他处	15.0		
同跨间内同一横截面下挂式起重机梁底面高差 Δ		10.0		
同列相邻两柱间起重机梁顶面高差 Δ		$l/1500$，且不大于 10.0		用水准仪和钢尺检查
相邻两起重机梁接头部位 Δ	中心错位	3.0		用钢尺检查
	上承式顶面高差	1.0		
	下承式底面高差	1.0		
同跨间任意一截面的起重机梁中心跨距 Δ		± 10.0		用经纬仪和光电测距仪检查；跨度小时，可用钢尺检查
轨道中心对起重机梁腹板轴线的偏移 Δ		$t/2$		用吊线和钢尺检查

表 6-16　钢梁安装的允许偏差　　　　　　　　　　（单位：mm）

项目	允许偏差	图例	检验方法
同一根梁两端顶面的高差 Δ	$l/1000$， 且不大于 10.0		用水准仪检查
主梁与次梁上表面的高差 Δ	± 2.0		用直尺和钢尺检查

表 6-17　构件与节点对接处的允许偏差　　　　　　　　（单位：mm）

项目	允许偏差	图例
箱形（四边形、多边形）截面、异型截面对接 $\lvert L_1 - L_2 \rvert$	≤3.0	
异型锥管、椭圆管截面对接处 Δ	≤3.0	

表 6-18　钢板剪力墙安装的允许偏差　　　　　　　　（单位：mm）

项目	允许偏差	图例
钢板剪力墙对口错边 Δ	$t/5$，且不大于 3	
钢板剪力墙平面外挠曲	$l/250 + 10$， 且不大于 30.0（l 取 l_1 和 l_2 中较小值）	

表 6-19　墙架、檩条等次要构件安装的允许偏差　　　（单位：mm）

项目		允许偏差	检验方法
墙架立柱	中心线对定位轴线的偏移	10.0	用钢尺检查
	垂直度	$H/1000$，且不大于 10.0	用经纬仪或吊线和钢尺检查
	弯曲矢高	$H/1000$，且不大于 15.0	用经纬仪或吊线和钢尺检查
抗风柱、桁架的垂直度		$h/250$，且不大于 15.0	用吊线和钢尺检查
檩条、墙梁的间距		±5.0	用钢尺检查
檩条的弯曲矢高		$l/750$，且不大于 12.0	用拉线和钢尺检查
墙梁的弯曲矢高		$l/750$，且不大于 10.0	用拉线和钢尺检查

注：H 为墙架立柱的高度；h 为抗风柱、桁架、柱的高度；l 为檩条或墙梁的长度。

表 6-20　钢平台、钢梯和防护栏杆安装的允许偏差　　　（单位：mm）

项目	允许偏差	检验方法
平台高度	±10.0	用水准仪检查
平台梁水平度	$l/1000$，且不大于 10.0	用水准仪检查
平台支柱垂直度	$H/1000$，且不大于 5.0	用经纬仪或吊线和钢尺检查
承重平台梁侧向弯曲	$l/1000$，且不大于 10.0	用拉线和钢尺检查
承重平台梁垂直度	$h/250$，且不大于 10.0	用吊线和钢尺检查
直梯垂直度	$H'/1000$，且不大于 15.0	用吊线和钢尺检查
栏杆高度	±5.0	用钢尺检查
栏杆立柱间距	±5.0	用钢尺检查

注：l 为平台梁长度；H 为平台支柱高度；h 为平台梁高度；H' 为直梯高度。

表 6-21　钢结构整体立面偏移和整体平面弯曲的允许偏差　　　（单位：mm）

项目		允许偏差	图例
主体结构的整体平面偏移	单层	$H/1000$，且不大于 25.0	
	高度 <60m 的多高层	$H/2500+10$，且不大于 30.0	
	高度 60~100m 的高层	$H/2500+10$，且不大于 50.0	
	高度 >100m 的高层	$H/2500+10$，且不大于 80.0	
主体结构的整体平面弯曲		$l/1500$，且不大于 50.0	

表 6-22　主体结构总高度的允许偏差　　　　　　　　（单位：mm）

项目	允许偏差		图例
用相对标高控制安装	± ∑ $(\Delta_h + \Delta_z + \Delta_W)$		
用设计标高控制安装	单层	$H/1000$，且不大于 20.0 $-H/1000$，且不大于 -20.0	
	高度 $<60m$ 的多高层	$H/1000$，且不大于 30.0 $-H/1000$，且不大于 -30.0	
	高度 $60 \sim 100m$ 的高层	$H/1000$，且不大于 50.0 $-H/1000$，且不大于 -50.0	
	高度 $>100m$ 的高层	$H/1000$，且不大于 100.0 $-H/1000$，且不大于 -100.0	

注：Δ_h 为每节柱子长度的制造允许偏差；Δ_z 为每节柱子长度受荷载后的压缩值；Δ_W 为每节柱子接头焊缝的收缩值。

表 6-23　压型金属板在支承构件上的搭接长度　　　　　（单位：mm）

项目		搭接长度
屋面、墙面内层板		80
屋面外层板	屋面坡度≤10%	250
	层面坡度 >10%	200
墙面外层板		120

表 6-24　压型金属板、泛水板、包角板和屋脊盖板安装的允许偏差　（单位：mm）

项目		搭接长度
屋面	檐口、屋脊与山墙收边的直线度檐口与屋脊的平行度（如有）泛水板、屋脊盖板与屋脊的平行度（如有）	12.0
	压型金属板板肋或波峰直线度压型金属板板肋对屋脊的垂直度（如有）	$L/800$，且不大于 25.0
	檐口相邻两块压型金属板端部错位	6.0
	压型金属板卷边板件最大波浪高	4.0
墙面	竖排板的墙板波纹线相对地面的垂直度	$H/800$，且不大于 25.0
	横排板的墙板波纹线与檐口的平行度	12.0
	墙板包角板相对地面的垂直度	$H/800$，且不大于 25.0
	相邻两块压型金属板的下端错位	6.0
组合楼板中的压型钢板	压型金属板在钢梁上相邻列的错位 Δ 	15.0

注：L 为屋面半坡或单坡长度；H 为墙面高度。

表 6-25　固定支架安装的允许偏差

序号	项目	允许偏差	图示
1	沿板长方向，相邻固定支架横向偏差 Δ_1	±2.0mm	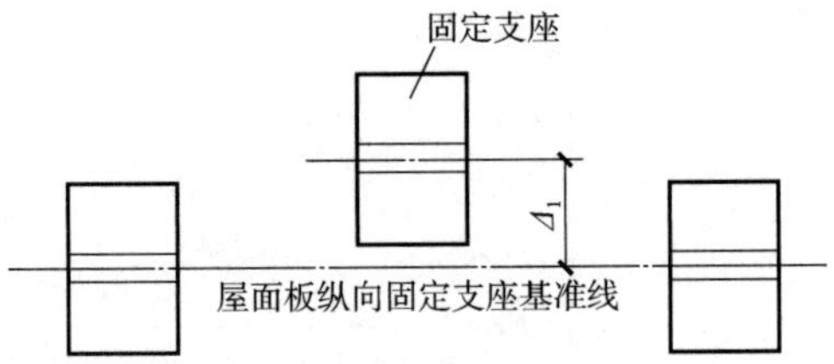
2	沿板宽方向，相邻固定支架纵向偏差 Δ_2	±5.0mm	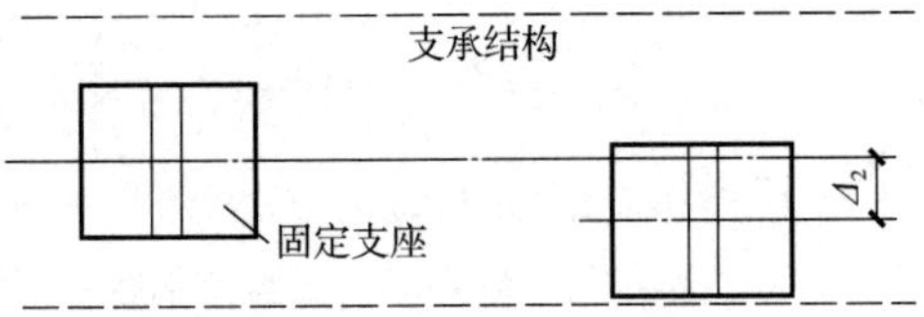
3	沿板宽方向，相邻固定支架横向间距偏差 Δ_3	+3.0mm −2.0mm	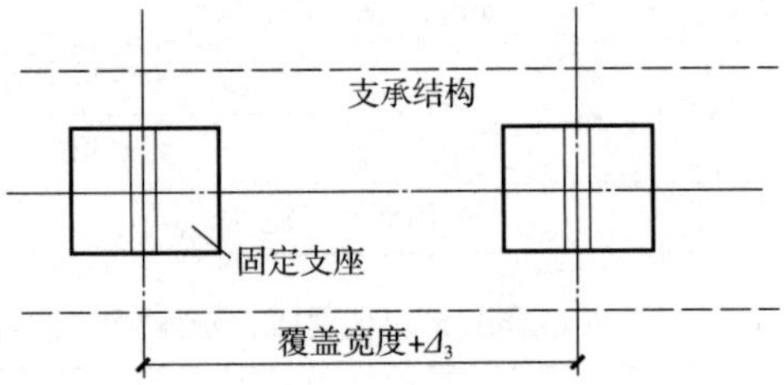
4	相邻固定支架高度偏差 Δ_4	±4.0mm	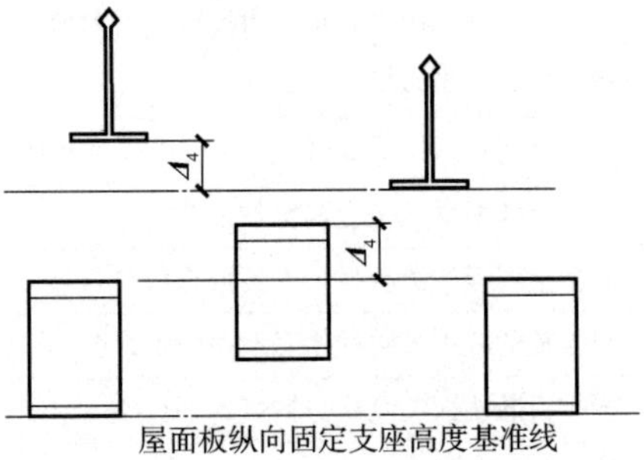
5	固定支架纵向倾角 θ_1	±1.0°	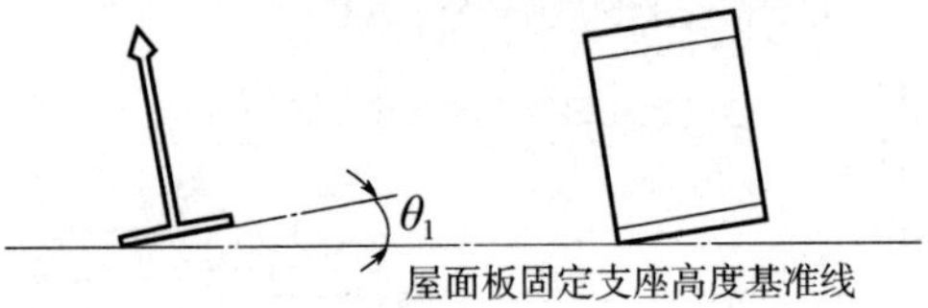
6	固定支架横向倾角 θ_2	±1.0°	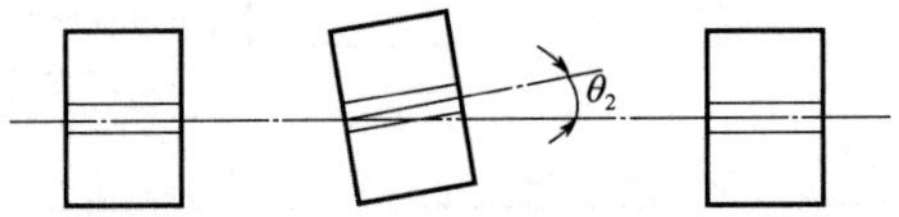

第五节　钢网架结构安装

一、钢网架结构安装基本规定

1）钢网架结构安装应符合以下规定：

① 安装的测量校正、高强度螺栓安装、低温度下施工及焊接工艺等，应在安装前进行工艺试验或评定，并应在此基础上制订相应的施工工艺或方案。

② 安装偏差的检测应在结构形成空间刚度单元并连接固定后进行。

③ 安装时，必须控制屋面、楼面、平台等的施工荷载、施工荷载和冰雪荷载等严禁超过梁、桁架、楼面板、屋面板、平台铺板等的承载能力。

2）钢网架结构支座定位轴线的位置、支座锚栓的规格应符合设计要求，允许偏差应符合表6-26的规定。

表 6-26　定位轴线、基础上支座的定位轴线和标高的允许偏差　（单位：mm）

项目	允许偏差	图例
结构定位轴线	$l/20000$，且不大于 3.0	
基础上支座的定位轴线	1.0	
基础上支座底标高	±3.0	

3）支承面顶板的位置、标高、水平度以及支座锚栓位置的允许偏差应符合表6-27的规定。

表 6-27　支承面顶板、支座锚栓位置的允许偏差　（单位：mm）

项目		允许偏差
支承面顶板	位置	15.0
	顶面标高	0 −3.0
	顶面水平度	$l/1000$
支座锚栓	中心偏移	±5.0

注：l 为顶板长度。

4）支承垫块的种类、规格、摆放位置和朝向，必须符合设计要求和国家现行有关标准的规定。橡胶垫与刚性垫块之间或不同类型刚性垫块之间不得互换使用。

5）网架支座锚栓的紧固应符合设计要求。

6）支座锚栓尺寸的允许偏差应符合表6-28的规定，支座锚栓的螺纹应受到保护。

表6-28　地脚螺栓（锚栓）尺寸的允许偏差　　　　　（单位：mm）

项目	允许偏差
螺栓（锚栓）露出长度	+30 0.0
螺纹长度	+30 0.0

7）对建筑结构安全等级为一级、跨度40m及以上的公共建筑钢网架结构，且设计有要求时，应按下列项目进行节点承载力试验，其结果应符合以下规定：

① 焊接球节点应按设计指定规格的球及其匹配的钢管焊接成试件，进行轴心拉、压承载力试验，其试验破坏荷载值大于或等于1.6倍设计承载力为合格。

② 螺栓球节点应按设计指定规格的球最大螺栓孔螺纹进行抗拉强度保证荷载试验，当达到螺栓的设计承载力时，螺孔、螺纹及封板仍完好无损为合格。

8）钢网架结构安装完成后，其节点及杆件表面应干净，不应有明显的疤痕、泥沙和污垢。螺栓球节点应将所有接缝用油腻子填嵌严密，并应将多余螺孔封口。

9）钢网架结构安装完成后，其安装允许偏差应符合表6-29的规定。

表6-29　钢网架、网壳结构安装的允许偏差　　　　　（单位：mm）

项目	允许偏差
纵向、横向长度	$\pm l/2000$，且不大于 ± 40.0
支座中心偏移	$l/3000$，且不大于 30.0
周边支承网架、网壳相邻支座高差	$l_1/400$，且不大于 15.0
多点支承网架、网壳相邻支座高差	$l_1/800$，且不大于 30.0
支座最大高差	30.0

注：l 为纵向或横向长度；l_1 为相邻支座距离。

二、钢网架结构安装方法

钢网架结构的节点和杆件在工厂内制作完成并检验合格后运至现场，拼装成整体。它的安装方法很多，可分为高空散装法、分块或分条安装法、高空滑移法、整体安装法、升板机提升法、桅杆提升法、滑模提升法、顶升施工法等，可根据网架结构选择合适的安装方法。

1. 高空散装法

高空散装法是指运输到现场的运输单元体（平面桁架或锥体）或散件，用起重机械吊升到高空对位拼装成整体结构的方法。适用于螺栓球或高强螺栓连接节点的网架结构。它在拼装过程中始终有一部分网架悬挑着，当网架悬挑拼成为一个稳定体系时，无须设置任何支架来承受其自重和施工荷载。当跨度较大，拼接到一定悬挑长度后，设置单肢柱或支架，支承悬挑部分，以减少或避免因自重和施工荷载而产生的挠度。

本法无须大型起重设备，对场地要求不高，但需搭设大量拼装支架，高空作业多。

小拼单位的允许偏差见表6-30。

表6-30 小拼单元的允许偏差 （单位：mm）

项目		允许偏差
节点中心偏移	$D \leqslant 500$	2.0
	$D > 500$	3.0
杆件中心与节点中心的偏移	d（b）$\leqslant 200$	2.0
	d（b）> 200	3.0
杆件轴线的弯曲矢高	—	$l_1/1000$，且不大于5.0
网格尺寸	$l \leqslant 5000$	±2.0
	$l > 5000$	±3.0
锥体（桁架）高度	$h \leqslant 5000$	±2.0
	$h > 5000$	±3.0
对角线尺寸	$A \leqslant 7000$	±3.0
	$A > 7000$	±4.0
平面桁架节点处杆件轴线错位	d（b）$\leqslant 200$	2.0
	d（b）> 200	3.0

注：D 为节点直径，d 为杆件直径，b 为杆件截面边长，l_1 为杆件长度，l 为网格尺寸，h 为锥体（桁架）高度，A 为网格对角线尺寸。

2. 分条或分块安装法

分条或分块安装法是高空散装的组合扩大。为了适应起重机械的起重能力和减少高空拼装工作量，将屋盖划分为若干个单元，在地面拼装成条状或块状扩大组合单元体后，用起重机械或设在双肢柱顶的起重设备（钢带提升机、升板机等）垂直吊升或提升到设计位置上，拼装成整体网架结构的安装方法。

本法高空作业较高空散装法减少，同时只需搭设局部拼装平台，拼装支架量也大大减少，并可充分利用现有起重设备，比较经济。但施工应注意保证条（块）状单元制作精度和起拱，以免造成总拼困难。分条或分块单位拼装长度的允许偏差见表6-31。

表6-31 分条或分块单元拼装长度的允许偏差 （单位：mm）

项目	允许偏差
分条、分块单元长度≤20m	±10.0
分条、分块单元长度>20m	±20.0

本法适用于分割后刚度和受力状况改变较小的各种中、小型网架，如双向正交正放、正放四角锥、正放抽空四角锥等网架。

本法所需起重设备较简单，无须大型起重设备；可与室内其他工种平行作业，缩短总工期，节省用工，劳动强度低，减少高空作业，施工速度快，费用低。但需搭设一定数量的拼装平台；且拼装容易造成轴线的积累偏差，一般要采取试拼装、套拼、散件拼装等措施来控制。

对于场地狭小或跨越其他结构、起重机无法进入网架安装区域时尤为适宜。

3. 高空滑移法

高空滑移法是将网架条状单元组合体在建筑物上空进行水平滑移对位总拼的一种施工方法。适用于网架支承结构为周边承重墙或柱上有浇钢筋混凝土圈梁等情况。可在地面或支架上进行扩大拼装条状单元，并将网架条状单元提升到预定高度后，利用安装在支架或圈梁上的专用滑行轨道，水平滑移对位拼装成整体网架。

4. 整体吊升法

整体吊升法是将网架结构在地上错位拼装成整体，然后用起重机吊升超过设计标高，空中移位后落位固定。此法无须搭设高的拼装架，高空作业少，易于保证接头焊接质量，但需要起重能力大的设备，吊装技术也复杂，应将已滑移好的部分网架进行挠度调整，然后再拼接。

本法准备工作简单，安装快速方便。四侧抬吊与两侧抬吊比较，前者移位较平稳，但操作较复杂；后者空中移位较方便，但平衡性较差一些，而两种吊法都需要多台起重设备条件，操作技术要求较严。适用于跨度 40m 左右、高度 2.5m 左右的中小型网架屋盖的吊装。

5. 升板提升法

本法是指网架结构在地面上就位拼装成整体后，用安装在柱顶横梁上的升板机，将网架垂直提升到设计标高以上，安装支承托梁后，落位固定。本法无须大型吊装设备和机具，安装工艺简单，提升平稳，提升差异小，同步性好，劳动强度低，工效高且施工安全，但需较多提升机和临时支承短钢柱和钢梁，准备工作量大。适用于跨度 50～70m、高度 4m 以上、重量较大的大、中型周边支承网架屋盖。

6. 桅杆提升法

本法是将网架在地面错位拼装，用多根独角桅杆将其整体提升到柱顶以上，然后进行空中旋转和移位，落下就位安装。桅杆可自行制造，起重量大，可达 1000～2000kN，桅杆高可达 50～60m，但所需设备数量大，准备工作和操作均较复杂，费工费时。适用于安装高、重、大（跨度 80～110m）的大型网架屋盖安装。

7. 滑模提升法

本法在地面一定高度正位拼装网架，利用框架柱或墙的滑模装置将网架随滑模顶升到设计位置。

本法无须吊装设备，可利用网架作滑模操作平台，节省设备和脚手架费用，施工简便安全，但需整套滑模设备，且安装速度较慢。

适用于安装跨度 30～40m 的中、小型网架屋盖。

8. 顶升法

本法利用支承结构和千斤顶将网架整体顶升到设计位置。本法设备简单，无须大型吊装设备，顶升支承结构可利用结构永久性支承柱，拼装网架无须搭设拼装支架，可节省大量机具和脚手架、支墩费用，降低施工成本；操作简便、安全，但顶升速度较慢，且对结构顶升的误差控制要求严格，以防失稳。适用于安装多支点支承的各种四角锥网架屋盖。

三、钢网架结构安装细节

1. 高空散装法安装细节

（1）支架设置 支架既是网架拼装成型的承力架，又是操作平台支架。所以，支架搭设位置必须对准网架下弦节点。支架一般用扣件和钢管搭设。它应具有整体稳定性，在荷载作用下有足够的刚度；应将支架本身的弹性压缩、接头变形、地基沉降等引起的总沉降值控制在5mm以下。因此，为了调整沉降值和卸荷方便，可在网架下弦节点与支架之间设置调整标高用的千斤顶。

拼装支架有全支架（即满堂红脚手架）法、部分活动支架法和悬挑法三种。全支架法是搭设一个与网架大小基本相同的工作平台，网架在平台上拼装，拼装质量较易控制，但搭设脚手架的工作量较大。

拼装支架必须牢固，设计时应对单肢稳定、整体稳定进行验算，并估算沉降量。其中单肢稳定验算可按一般钢结构设计方法进行。

（2）拼装支架要求

1）支架整体沉降量控制。支架的整体沉降量包括钢管接头的空隙压缩、钢管的弹性压缩、地基的深陷等。如果地基情况不良，要采取夯实加固等措施，并且要用木板铺地以分散支柱传来的集中荷载。高空散装法对支架的沉降要求较高（不得超过5mm），应给予足够的重视。大型网架施工必要时可进行试压，以取得所需的资料。

拼装支架不宜用竹或木制，因为这些材料容易变形并易燃，故当网架用焊接连接时禁用。

2）支架的拆除。网架拼装成整体并检查合格后，即拆除支架，拆除时应从中央逐圈向外分批进行，每圈下降速度必须一致，应避免个别支点集中受力，造成拆除困难。对于大型网架，每次拆除的高度可根据自重挠度值分成若干批进行。

（3）拼装操作 高空散装法总的拼装顺序是从建筑物一端开始向另一端以两个三角形同时推进，待两个三角形相交后，则按人字形逐榀向前推进，最后在另一端的正中合拢。每榀块体的安装顺序：在开始两个三角形部分是由屋脊部分分别向两边拼装，两三角形相交后，则由交点开始同时向两边拼装（图6-34）。

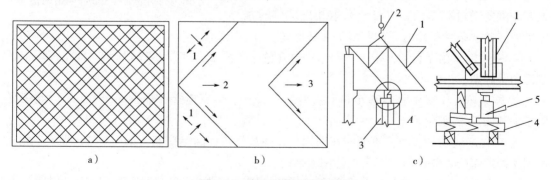

图6-34 高空散装法安装网架

a）网架平面 b）网架安装顺序 c）网架块体临时固定方法

1—第一榀网架块体 2—吊点 3—支架 4—枕木 5—液压千斤顶

当采取分件拼装时，一般采取分条进行，顺序为：支架抄平、放线→放置下弦节点垫板→按格依次组装下弦、腹杆、上弦支座（由中间向两端，一端向另一端扩展）→连接水平系杆→撤出下弦节点垫板→总拼精度校验→油漆。

每条网架组装完，经校验无误后，按总拼顺序进行下条网架的组装，直至全部完成（图 6-35）。

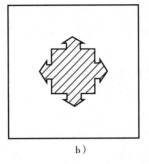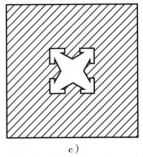

a）   b）   c）

图 6-35　总拼顺序示意图

a）由中间向两边发展　b）由中间向四周发展　c）由四周向中间发展（形成封闭圈）

高空散装法现场安装钢网架如图 6-36 所示。

2. 分条或分块法安装细节

（1）单元划分

1）条状单元组合体的划分。条状单元组合体的划分是沿着屋盖长方向切割。对桁架结构是将一个节间或两个节间的两榀或三榀桁架组成条状单元体；对网架结构，则将一个或两个网格组装成条状单元体。切割组装后的网架条状单元体往往是单向受力两端支承结构。这种安装方法适用于分割后的条状单元体，在自重作用下能形成一个稳定体系，其刚度与受力状态改变较小的正放类网架或刚度和受力状况未改变的桁架结构类似。网架分割后的条状单元体刚度要经过验算，必要时应采取相应的临时加固措施。通常条状单元的划分有以下几种形式：

图 6-36　高空散装法现场安装钢网架

① 网架单元相互靠紧，把下弦双角钢分在两个单元上，如图 6-37a 所示。此法可用于正放四角锥网架。

② 网架单元相互靠紧，单元间上弦用剖分式安装节点连接，如图 6-37b 所示。此法可用于斜放四角锥网架。

③ 单元之间空一节间，该节间在网架单元吊装后再在高空拼装，如图 6-37c 所示。此法可用于两向正交正放或斜放四角锥等网架。

分条（分块）单元自身应是几何不变体系，同时还应有足够的刚度，否则应加固。对于正放类网架而言，在分割成条（块）状单元后，自身在自重作用下能形成几何不变体系，同时也有一定的刚度，一般无须加固。但对于斜放类网架，在分割成条（块）状单元后，由于上弦为菱形结构可变体系，因而必须加固后才能吊装，如图 6-38 所示为斜放四角锥网

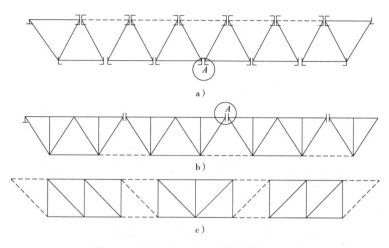

图 6-37　网架条（块）状单元划分方法

a）网架下弦双角钢分在两单元上　b）网架上弦用剖分式安装　c）网架单元在高空拼装

注：A 表示剖分式安装节点。

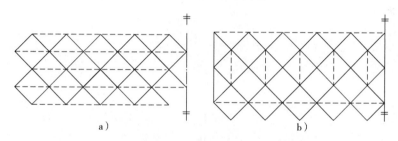

图 6-38　斜放四角锥网架上弦加固示意图

a）网架上弦临时加固件采用平行式　b）网架上弦临时加固件采用间隔式

－－－表示临时加固杆件

架上弦加固方法。

2）块状单元组合体划分。块状单元组合体的分块一般是在网架平面的两个方向均有切割，其大小视起重机的起重能力而定。切割后的块状单元体大多是两邻边或一边有支承，一角点或两角点增设临时顶撑予以支承。也有将边网格切除的块状单元体，在现场地面对准设计轴线组装，边网格留在垂直吊升后再拼装成整体网架（图 6-39）。

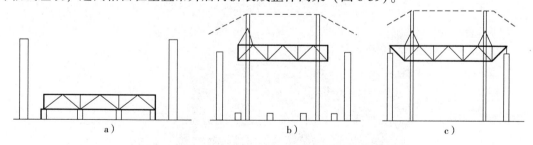

图 6-39　网架吊升后拼装边节间

a）网架在室内砖支墩上拼装　b）用独角拔杆起吊网架　c）网架吊升后将边节各杆件及支座拼装上

（2）拼装操作　吊装有单机跨内吊装和双机跨外抬吊两种方法，如图 6-40a、b 所示。在跨中下部设可调立柱、钢顶撑，以调节网架跨中挠度如图 6-40c 所示。吊上后即可焊接半圆球节点和安设下弦杆件，待全部作业完成后，拧紧支座螺栓，拆除网架，下立柱，即告完成。

分块现场安装钢网架如图 6-41 所示。

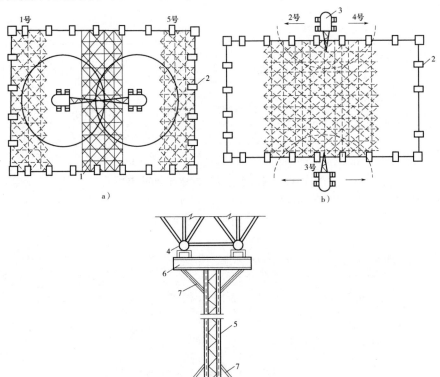

图 6-40　分条分块法安装网架示意图

a) 吊装 1 号、5 号段网架　b) 吊装 2 号、4 号、3 号段网架　c) 网架跨中挠度调节

1—网架　2—柱子　3—履带式起重机　4—下弦钢球　5—钢支柱

6—横梁　7—斜撑　8—升降顶点　9—液压千斤顶

图 6-41　分块现场安装钢网架

网架条状单元在吊装过程中的受力状态属平面结构体系，而网架结构是按空间结构设计的，因而条状单元在总拼前的挠度要比网架形成整体后该处的挠度大，故在总拼前必须在合拢处用支撑顶起，调整挠度与整体网架挠度符合。块状单元在地面制作后，应模拟高空支承条件，拆除全部地面支墩后观察施工挠度，必要时也应调整其挠度。

条（块）状单元尺寸必须准确，以保证高空总拼时节点吻合或减少积累误差，一般可采取预拼装或现场临时配杆等措施解决。

3. 高空滑移法安装细节

（1）高空滑移方式

1）单条滑移法，如图 6-42a 所示。先将条状单元一条条地分别从一端滑到另一端就位安装，各条在高空进行连接。

2）逐条积累滑移法，如图 6-42b 和图 6-43 所示。先将条状单元滑移一段距离（能连接上第二单元的宽度即可），连接上第二条单元后，两条一起再滑移一段距离（宽度同上），再接第三条，三条又一起滑移一段距离，如此循环操作直至接上最后一条单元为止。

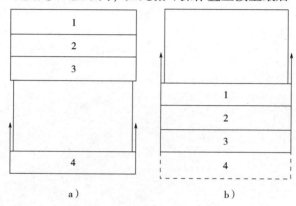

图 6-42　高空滑移法示意图

a）单条滑移法　b）逐条积累滑移法

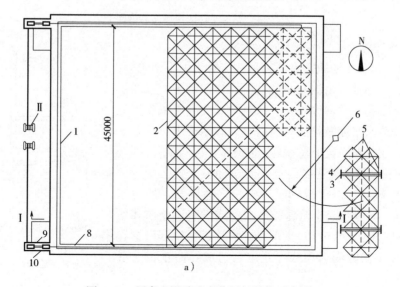

图 6-43　用高空滑移法安装网架结构示意图

a）平面

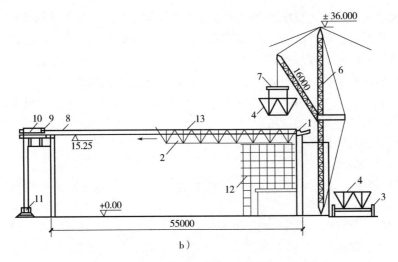

图 6-43 用高空滑移法安装网架结构示意图

b）立面

1—梁 2—已拼网架单元 3—运输车轮 4—拼装单元 5—拼装架 6—拔杆 7—吊具
8—牵引索 9—滑轮组 10—滑轮组支架 11—卷扬机 12—拼装架 13—拼接缝

高空滑移法现场安装钢网架如图 6-44 所示。

图 6-44 高空滑移法现场安装钢网架

（2）滑移装置

1）滑轨。滑移用的轨道有各种形式，对于中小型网架，滑轨可用圆钢、扁铁、角钢及小型槽钢制作，对于大型网架可用钢轨、工字钢、槽钢等制作。滑轨可焊接或用螺栓固定在梁上。其安装水平度及接头要符合有关技术要求。网架在滑移完成后，支座即固定于底板上，以便于连接。

2）导向轮。导向轮主要是作为安全保险装置之用，一般设在导轨内侧，在正常滑移时导向轮之间脱开，其间隙为 10~20mm，只有当同步差超过规定值或拼装误差在某处较大时二者才碰上（图 6-45）。但是在滑移过程中，当左右两台卷扬机以不同时间启动或停止也会造成导向轮顶上滑轨的情况。

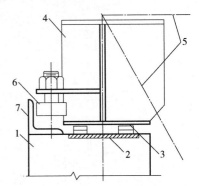

图 6-45 轨道与导向轮设置

1—天沟梁 2—预埋钢板 3—轨道
4—网架支座 5—网架杆件中心线
6—导向轮 7—导轨

（3）拼装操作　滑移平台由钢管脚手架或升降调平支撑组成（图6-46），起始点尽量利用已建结构物，如门厅、观众厅，高度应比网架下弦低40cm，以便在网架下弦节点与平台之间设置千斤顶，用以调整标高，平台上面铺安装模架，平台宽应略大于两个节间。

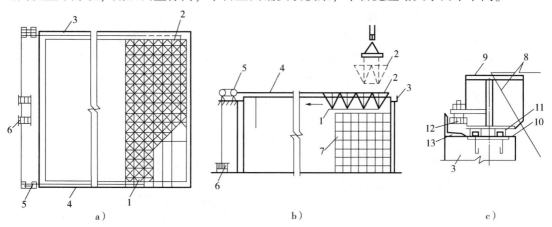

图 6-46　高空滑移法安装网架滑移平台示意

a）高空滑移平面布置　b）网架滑移安装　c）支座构造

1—网架　2—网架分块单元　3—天沟梁　4—牵引线　5—滑车组　6—卷扬机　7—拼装平台
8—网架杆件中心线　9—网架支座　10—预埋铁件　11—型钢轨道　12—导向轮　13—导轨

网架先在地面将杆件拼装成两球一杆和四球五杆的小拼构件，然后用悬臂式桅杆、塔式或履带式起重机，按组合拼接顺序吊到拼接平台上进行扩大拼接。先就位点焊，拼接网架下弦方格，再点焊立起横向跨度方向角腹杆。每节间单元网架部件点焊拼接顺序由跨中向两端对称进行，焊完后加固。牵引可用慢速卷扬机或绞磨进行，并设减速滑轮组。牵引点应分散设置，滑移速度应控制在1m/min以内，并要求做到两边同步滑移。当网架跨度大于50m，应在跨中增设一条平稳滑道或辅助支顶平台。

当拼装精度要求不高时，控制同步可在网架两侧的梁面上标出尺寸，牵引时同时报滑移距离；当同步要求较高时可采用自整角机同步指示装置，以便集中于指挥台随时观察牵引点移动情况，计数精度为1mm，该装置的安装如图6-47所示。

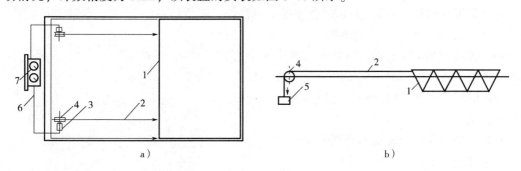

图 6-47　自整角机同步指示器安装示意图

a）平面　b）立面

1—网架　2—钢丝　3—自整角机发送机　4—转盘　5—平衡重　6—导线　7—自整角机接收机及读数度盘

当网架单条滑移时，其施工挠度的情况与分条分块法完全相同；当逐条积累滑移时，网架的受力情况仍然是两端自由搁置的主体桁架。因而滑移时网架虽仅承受自重，但其挠度仍较形成整体后为大，因此在连接新的单元前，都应将已滑移好的部分网架进行挠度调整，然后再拼接。

4. 整体吊装安装细节

（1）多机抬吊作业　多机抬吊施工布置起重机时需考虑各台起重机的工作性能和网架在空中移位的要求。起吊前要测出每台起重机的起吊速度，以便起吊时掌握；或每两台起重机的吊索用滑轮连通，这样，当起重机的起吊速度不一致时，可由连通滑轮的吊索自行调整。

多机抬吊一般用四台起重机联合作业，将地面错位拼装好的网架整体吊升到柱顶后，在空中进行移位，落下就位安装。一般有四侧抬吊和两侧抬吊两种方法（图6-48）。

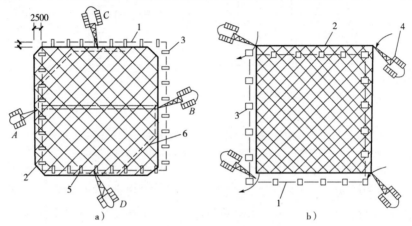

图6-48　四机抬吊钢网架示意图

a）四侧抬吊　b）两侧抬吊

1—网架安装位置　2—网架接装位置　3—柱　4—履带式起重机　5—吊点　6—串通吊索

若网架重量较轻，或四台起重机的起重量均能满足要求时，宜将四台起重机布置在网架的两侧，这样只要四台起重机将网架垂直吊升超过柱顶后，旋转一小角度，即可完成网架空中移位要求。

四侧抬吊用于防止起重机因升降速度不一而产生不均匀荷载，在每台起重机设两个吊点，每两台起重机的吊索互相用滑轮串通，使各吊点受力均匀，网架平稳上升。

当网架提升到比柱顶高30cm时，进行空中移位，起重机A一边落起重臂，一边升钩；起重机B一边升起重臂，一边落钩；C、D两台起重机则松开旋转刹车跟着旋转，待转到网架支座中心线对准柱子中心时，四台起重机同时落钩，并通过设在网架四角的拉索和倒链拉动网架进行对线，将网架落到柱顶就位。

两侧抬吊是用四台起重机将网架吊过柱顶同时向一个方向旋转一定距离，即可就位。

整体法现场吊装钢网架如图6-49所示。

（2）单提网架法　单提网架法是多机抬吊的另一种形式。它是用多根独角桅杆，将地面错位拼装的网架吊升超过柱顶进行空中移位后落位固定。采用此法

图6-49　整体法现场吊装钢网架

时，支承屋盖结构的柱与拔杆应在屋盖结构拼装前竖立。此法所需的设备多，劳动量大，但对于吊装高、重、大的屋盖结构，特别是大型刚架较为适宜（图 6-50）。

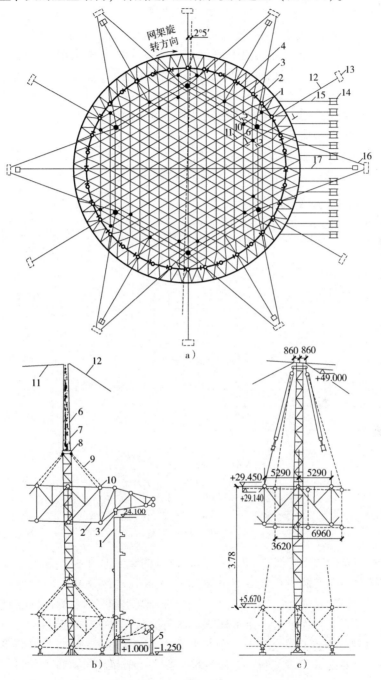

图 6-50　圆形网架屋盖桅杆吊升示意图

a）平面位置　b）1—1 剖面　c）2—2 剖面

1—柱　2—网架　3—摇摆支座　4—留待提升以后再焊的杆件　5—拼装用小钢柱

6—独角桅杆　7—门滑轮组　8—铁扁担　9—吊索　10—吊点　11—平缆风绳　12—斜缆风绳

13—地锚　14—起重卷扬机　15—起重钢丝绳　16—校正用的卷扬机　17—校正用的钢丝绳

（3）网架的空中移位 多机抬吊作业中，起重机变幅容易，网架空中移位并不困难，而用多根独角拔杆进行整体吊升网架方法的关键是网架吊升后的空中移位。由于拔杆变幅很困难，网架在空中的移位是利用拔杆两侧起重滑轮组中的水平力不等而推动网架移位的。

网架空中移位的方向与桅杆及其起重滑轮组布置有关。若桅杆对称布置，则桅杆的起重平面（即起重滑轮组与桅杆所构成的平面）方向一致且平行于网架的一边，因此使网架产生运动的水平分力都平行于网架的一边，网架即产生单向的移位。同理，若桅杆均布于同一圆周上，且桅杆的起重平面垂直于网架半径，这时使网架产生运动的水平分力与桅杆起重平面相切，由于切向力的作用，网架即产生绕其圆心旋转的运动。

5. 升板机提升法安装细节

（1）提升设备布置 在结构柱上安装升板工程用的电动穿心式提升机，将地面正位拼装的网架直接整体提升到柱顶横梁就位（图6-51）。

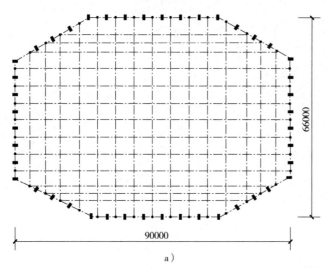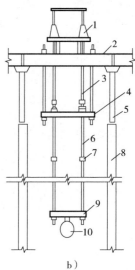

图6-51 升板机提升法示意图

a）平面布置图 b）提升装置

1—提升机 2—上横梁 3—螺杆 4—下横梁 5—短钢柱 6—吊杆

7—接头 8—柱 9—横吊梁 10—支座钢球

■为柱；●为升板机

提升点设在网架四边，每边7~8个。提升设备的组装是在柱顶加接短钢柱，上面安工字钢上横梁，每一吊点安放一台300kN电动穿心式提升机，提升机的螺杆下端连接多节长1.8m的吊杆，下面连接横吊梁，梁中间用钢销与网架支座钢球上的吊环相连接，在钢柱顶上的上横梁处，又用螺杆连接着一个下横梁，作为拆卸杆时的停歇装置。

（2）提升过程 当提升机每提升一节吊杆后（升速为3cm/min），用U形卡板塞入下横梁上部和吊杆上端的支承法兰之间，卡住吊杆，卸去上节吊杆，将提升螺杆下降与下一节吊杆接好，再继续上升，如此循环往复，直到网架升到托梁上，然后把预先放在柱顶牛腿的托梁移至中间就位，再将网架下降于托梁上，即告完成。

6. 桅杆提升法安装细节

网架在地面错位拼装完成后，用多根独角桅杆将其整体提升到柱顶以上，然后进行空中旋转和移位，落下就位安装（图6-52）。

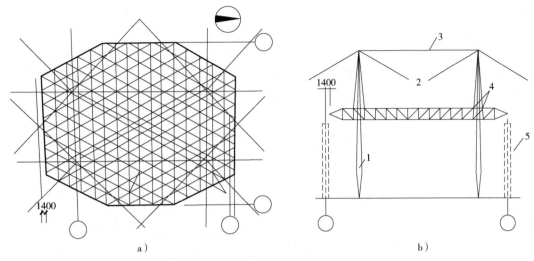

图 6-52　用四根独角桅杆抬吊网架
a) 网架平面布置　b) 网架吊装
1—独角桅杆　2—吊索　3—缆风绳　4—吊点 (每根桅杆8个)　5—柱子

（1）提升准备　柱和桅杆应在网架拼装前竖立。当安装长方形、八角形网架时，在网架接近支座处竖立四根钢制格构独角桅杆，每根桅杆的两侧各挂一副起重滑车组，每副滑车组下设两个吊点，并配一台卷筒直径、转速相同的电动卷扬机，使提升同步，每根桅杆设 6 根缆风绳与地面呈30°～40°夹角。

（2）提升操作　网架拼装时，逆时针转角2°5′，使支座偏离柱1.4m，即用多根桅杆将网架吊过柱顶后，需要向空中移位或旋转4m。提升时，四根桅杆、八幅起重滑车组同时收紧提升网架，使其等速平稳上升，相邻两桅杆处的网架高差应不大于100mm。当提升到柱顶以上50cm时，放松桅杆左侧的起重滑车组，使桅杆右侧的起重滑车组保持不动，则左侧滑车组松弛，拉力变小，因而其水平分力也变小；网架便向左移动，进行高空移位或旋转就位，经轴线、标高校正后，用电焊固定，桅杆利用网架悬吊，采用倒装法拆除。

7. 滑模提升法安装细节

先在地面一定高度正位拼装好网架后，利用框架柱或墙的滑模装置将网架随滑模顶升到设计位置（图6-53）。

（1）提升设备　顶升前先将网架拼装在 1.2m 高的枕木垫上，使网架支座位于滑模升架所在柱（或墙）截面内，

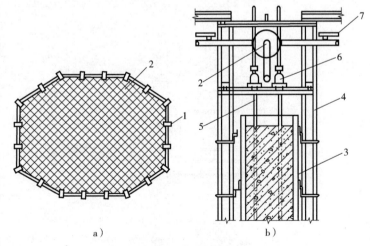

图 6-53　滑模提升法
a) 网架平面　b) 滑模装置
1—柱　2—网架　3—滑动模板　4—提升架　5—支承杆
6—液压千斤顶　7—操作台

每柱安 4 根 φ28 钢筋支承杆，安设四台千斤顶，每根柱一条油路，直接由网架上操作台控制，滑模装置同常规方法。

（2）提升操作 滑升时，利用网架结构当作滑模操作平台随同滑升到柱顶就位，网架每提升一节，用水平仪、经纬仪检查一次水平度和垂直度控制同步正位上升，网架提升到柱顶后，将钢筋混凝土连系梁与柱头浇筑混凝土，以增强稳定性。

8. 顶升法安装细节

网架整体拼装完成后，用支承结构和千斤顶将网架整体顶升到设计位置（图6-54）。

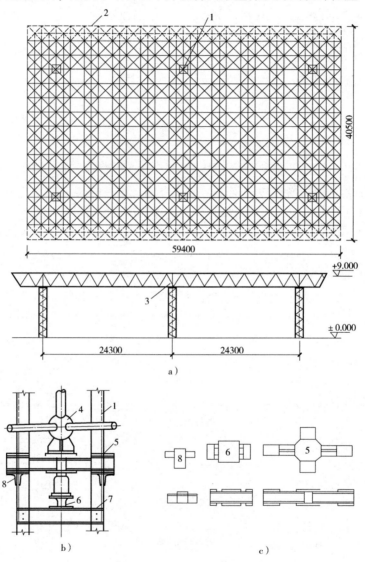

图 6-54 网架顶升示意图

a）结构平面及立面图 b）顶升装置安装图 c）细部详图

1—柱 2—网架 3—柱帽 4—球支座 5—十字梁 6—横梁 7—下缀板 8—上缀板

顶升现场安装钢网架见图6-55。

（1）顶升准备 顶升用的支承结构一般多利用网架的永久性支承柱，以及在原支点处或其附近设置临时顶升支架。顶升千斤顶可采用普通液压千斤顶或螺栓千斤顶，要求各千斤顶的行程和起重速度一致。网架多采用伞形柱帽的方式，在地面按原位整体拼装。由四根角钢组成的支承柱（临时支架）从腹杆间隙中穿过，在柱上设置缀板作为搁置横梁、千斤顶和球支座用。上下临时缀板的间距根据千斤顶的尺寸、冲程、横梁尺寸等确定，应恰为千斤顶使用行程的整数倍，其标高偏差不得大于 5mm，如用 320kN 普通液压千斤顶，缀板的间距为 420mm，即顶一个循环的

图 6-55　顶升现场安装钢网架

总高度为 420mm，千斤顶分 3 次（150mm + 150mm + 120mm）顶升到该标高。

（2）顶升操作　顶升时，每一项循环工艺过程如图 6-56 所示。顶升应做到同步，各顶升点的升差不得大于相邻两个顶升用的支承结构间距的 1/1000，且不大于 30mm，在一个支承结构上设有两个或两个以上千斤顶时不大于 10mm。当发现网架偏移过大，可采用在千斤顶垫斜垫或有意造成反向升差逐步纠正。同时顶升过程中网架支座中心对柱基轴线的水平偏移值不得大于柱截面短边尺寸的 1/50 及柱高的 1/500，以免导致支承结构失稳。

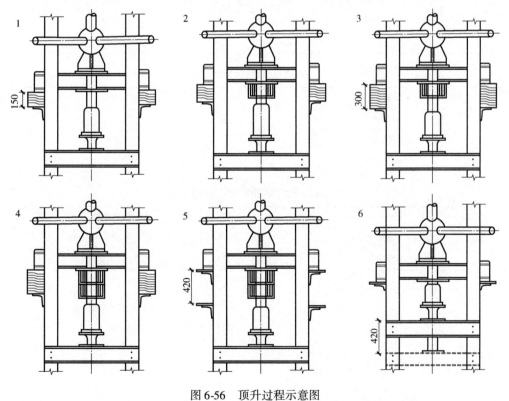

图 6-56　顶升过程示意图

1—顶升150mm，两侧垫上方形垫块　2—回油，垫圆垫块　3—重复1过程

4—重复2过程　5—顶升130mm，安装两侧上缀板　6—回油，下级板升一级

（3）升差控制　顶升施工中同步控制主要是为了减少网架的偏移，其次才是为了避免

引起过大的附加杆力。而提升法施工时，升差虽然也会造成网架的偏移，但其危害程度要比顶升法小。

顶升时网架的偏移值当达到需要纠正时，可采用千斤顶垫斜垫或人为造成反向升差逐步纠正，切不可操之过急，以免发生安全质量事故。由于网架的偏移是一种随机过程，纠偏时柱的柔度、弹性变形又给纠偏以干扰，因而纠偏的方向及尺寸并不完全符合主观要求，不能精确地纠偏。故顶升施工时应以预防网架偏移为主，顶升必须严格控制升差并设置导轨。

四、施工安装精度

钢网架施工主要质量控制项目及安装精度允许偏差见表6-32～表6-34。

表6-32　拉索尺寸的允许偏差　　　　　　　　（单位：mm）

项目		允许偏差
拉索、拉杆直径 d		$+0.015d$ $-0.010d$
带外包层索体直径		$+2$ -1
索杆长度 l	$l \leqslant 50\mathrm{m}$	± 15
	$50\mathrm{m} < l < 100\mathrm{m}$	± 20
	$l \geqslant 100\mathrm{m}$	$\pm 0.0002l$

表6-33　膜单元外形尺寸的允许偏差　　　　　　　（单位：mm）

膜材	允许偏差
PTFE 膜材	± 10
PVC 膜材	± 15
ETFE 膜材	± 5

表6-34　索杆端锚固连接构造要求

项目	连接构造要求
锚固螺纹旋合丝扣	旋合长度不应小于 $1.5d$
螺母外侧露出丝扣	宜露出 2～3 扣

第七章　装配式钢结构工程质量验收

第一节　质量验收

一、质量验收一般规定

1) 装配式钢结构建筑的质量验收应符合现行国家标准《建筑工程施工质量验收统一标准》（GB 50300—2013）的规定。当国家现行标准对工程中的验收项目未作具体规定时，应由建设单位组织设计、施工、监理等相关单位制定验收要求。

2) 同一厂家生产的同批材料、部品，用于同期施工且属于同一工程项目的多个单位工程，可合并进行进场验收。

3) 部品部件应符合国家现行有关标准的规定，并应具有产品标准、出厂检验合格证、质量保证书和使用说明文件。

二、质量验收划分及合格标准

根据《建筑工程施工质量验收统一标准》（GB 50300—2013）的要求，建筑工程质量验收应划分为单位（子单位）工程、分部（子分部）工程、分项工程和检验批。

（一）建筑工程质量验收的划分

1. 单位工程的划分

单位（子单位）工程应按下列原则划分：

1) 具备独立施工条件并能形成独立使用功能的建筑物及构筑物为一个单位工程。

2) 对于建筑规模较大的单位工程，可将其能形成独立使用功能的部分划分为一个子单位工程。

一个单位工程中，子单位工程不宜划分得过多，对于建设方没有分期投入使用要求的较大规模工程，不应划分子单位工程。

2. 分部工程的划分

分部工程按下列原则划分：

1) 分部工程的划分应按专业性质、建筑部位确定。

2) 当分部工程较大或较复杂时，可按材料种类、施工特点、施工程序、专业系统及类别等划分为若干子分部工程。

3. 分项工程的划分

分项工程应按主要工种、材料、施工工艺、设备类别等进行划分。

4. 检验批的划分

分项工程可由一个或若干个检验批组成，检验批可根据施工质量控制和专业验收需要，按工程量、楼层、施工段、变形缝进行划分。

建筑工程的分部工程、分项工程划分宜按《建筑工程施工质量验收统一标准》（GB 50300—2013）附录 B 采用。

施工前，应由施工单位制定分项工程和检验批的划分方案，并由监理单位审核。对于附录 B 及相关专业验收规范未涵盖的分项工程和检验批，可由建设单位组织监理、施工等单位协商确定。

室外工程可根据专业类别和工程规模按《建筑工程施工质量验收统一标准》（GB 50300—2013）附录 C 的规定划分子单位工程、分部工程和分项工程。

（二）建筑工程质量验收合格规定

1. 检验批质量验收合格规定

1）主控项目的质量经抽样检验均合格。

2）一般项目的质量经抽样检验合格。当采用计数抽样时，合格点率应符合有关专业验收规范的规定，且不得存在严重缺陷。对于计数抽样的一般项目，正常检验一次、二次抽样可按《建筑工程施工质量验收统一标准》（GB 50300—2013）附录 D 判定。

3）具有完整的施工操作依据和质量验收记录。

2. 分项工程质量验收合格规定

1）所含检验批的质量均应验收合格。

2）所含检验批的质量验收记录完整。

3. 分部工程质量验收合格规定

1）所含分项工程的质量均应验收合格。

2）质量控制资料应完整。

3）所含分项工程中有关安全、节能、环境保护和主要使用功能的抽样结果应符合相应规定。

4）观感质量应符合要求。

4. 单位工程质量验收合格规定

1）所含分部工程的质量均应验收合格。

2）质量控制资料应完整。当部分资料缺失时，应委托有资质的检测机构按有关标准进行相应的实体检验或抽样试验。

3）所含分部工程中有关安全、节能、环境保护和主要使用功能的检验资料应完整。

4）主要使用功能的抽查结果应符合相关专业验收规范的规定。

5）观感质量应符合要求。

三、结构系统验收

1）钢结构、组合结构的施工质量要求和验收标准应按现行国家标准《钢结构工程施工质量验收标准》（GB 50205—2020）、《钢管混凝土工程施工质量验收规范》（GB 50628—2010）和《混凝土结构工程施工质量验收规范》（GB 50204—2015）的有关规定执行。

2）钢结构主体工程焊接工程验收应按现行国家标准《钢结构工程施工质量验收标准》

（GB 50205—2020）的有关规定执行，在焊前检验、焊中检验和焊后检验基础上按设计文件和现行国家标准《钢结构焊接规范》（GB 50661—2011）的规定执行。

3）钢结构主体工程紧固件连接工程应按现行国家标准《钢结构工程施工质量验收标准》（GB 50205—2020）规定的质量验收方法和质量验收项目执行，同时尚应符合现行行业标准《钢结构高强度螺栓连接技术规程》（JGJ 82—2011）的规定。

4）钢结构防腐蚀涂装工程应按现行国家标准《钢结构工程施工质量验收标准》（GB 50205—2020）、《建筑防腐蚀工程施工规范》（GB 50212—2014）、《建筑防腐蚀工程施工质量验收标准》（GB/T 50224—2018）和《建筑钢结构防腐蚀技术规程》（JGJ/T 251—2011）的规定进行验收；金属热喷涂防腐和热镀锌防腐工程，应按现行国家标准《热喷涂 金属和其他无机覆盖层 锌、铝及其合金》（GB/T 9793—2012）和《热喷涂 金属零部件表面的预处理》（GB/T 11373—2017）等有关规定进行质量验收。

5）钢结构防火涂料的粘结强度、抗压强度应符合现行国家标准《钢结构工程施工质量验收标准》（GB 50205—2020）的规定，试验方法应符合现行国家标准《建筑构件耐火试验方法》（GB/T 9978—2014）的规定；防火板及其他防火包覆材料的厚度应符合现行国家标准《建筑设计防火规范》（GB 50016—2014）关于耐火极限的设计要求。

6）装配式钢结构建筑的楼板及屋面板应按下列标准进行验收：

① 压型钢板组合楼板和钢筋桁架楼承板组合楼板应按现行国家标准《钢结构工程施工质量验收标准》（GB 50205—2020）和《混凝土结构工程施工质量验收规范》（GB 50204—2015）的有关规定进行验收。

② 预制带肋底板混凝土叠合楼板应按现行行业标准《预制带肋底板混凝土叠合楼板技术规程》（JGJ/T 258—2011）的规定进行验收。

③ 预制预应力空心板叠合楼板应按现行国家标准《预应力混凝土空心板》（GB/T 14040—2007）和《混凝土结构工程施工质量验收规范》（GB 50204—2015）的规定进行验收。

④ 混凝土叠合楼板应按现行国家标准《混凝土结构工程施工质量验收规范》（GB 50204—2015）和《装配式混凝土结构技术规程》（JGJ 1—2014）的规定进行验收。

7）钢楼梯应按现行国家标准《钢结构工程施工质量验收标准》（GB 50205—2020）的规定进行验收，预制混凝土楼梯应按国家现行标准《混凝土结构工程施工质量验收规范》（GB 50204—2015）和《装配式混凝土结构技术规程》（JGJ 1—2014）的规定进行验收。

8）安装工程可按楼层或施工段等划分为一个或若干个检验批。地下钢结构可按不同地下层划分检验批。钢结构安装检验批应在进场验收和焊接连接、紧固件连接、制作等分项工程验收合格的基础上进行验收。

四、外围护系统验收

1）外围护系统质量验收应根据工程实际情况检查下列文件和记录：

① 施工图或竣工图、性能试验报告、设计说明及其他设计文件。

② 外围护部品和配套材料的出厂合格证、进场验收记录。

③ 施工安装记录。

④ 隐蔽工程验收记录。

⑤ 施工过程中重大技术问题的处理文件、工作记录和工程变更记录。

2）外围护系统应在验收前完成下列性能的试验和测试：

① 抗压性能、层间变形性能、耐撞击性能、耐火极限等实验室检测。

② 连接件材料性能、锚栓拉拔强度等检测。

3）外围护系统应根据工程实际情况进行下列现场试验和测试：

① 饰面砖（板）的粘结强度测试。

② 墙板接缝及外门窗安装部位的现场淋水试验。

③ 现场隔声测试。

④ 现场传热系数测试。

4）外围护部品应完成下列隐蔽项目的现场验收：

① 预埋件。

② 与主体结构的连接节点。

③ 与主体结构之间的封堵构造节点。

④ 变形缝及墙面转角处的构造节点。

⑤ 防雷装置。

⑥ 防火构造。

5）外围护系统的分部分项划分应满足现行国家标准的相关要求，检验批划分应符合下列规定：

① 相同材料、工艺和施工条件的外围护部品每 1000m² 应划分为一个检验批，不足 1000m² 也应划分为一个检验批。

② 每个检验批每 100m² 应至少抽查一处，每处不得小于 10m²。

③ 对于异型、多专业综合或有特殊要求的外围护部品，现行国家相关标准未作出规定时，检验批的划分可根据外围护部品的结构、工艺特点及外围护部品的工程规模，由建设单位组织监理单位和施工单位协商确定。

6）当外围护部品与主体结构采用焊接或螺栓连接时，连接部位验收可按现行国家标准《钢结构工程施工质量验收标准》（GB 50205—2020）和《钢结构焊接规范》（GB 50661—2011）的规定执行。

7）外围护系统的保温和隔热工程质量验收应按现行国家标准《建筑节能工程施工质量验收标准》（GB 50411—2019）的规定执行。

8）外围护系统的门窗工程、涂饰工程质量验收应按现行国家标准《建筑装饰装修工程质量验收标准》（GB 50210—2018）的规定执行。

9）蒸压加气混凝土外墙板质量验收应按现行行业标准《蒸压加气混凝土制品应用技术标准》（JGJ/T 17—2020）的规定执行。

10）木骨架组合外墙系统质量验收应按现行国家标准《木骨架组合墙体技术标准》（GB/T 50361—2018）的规定执行。

11）幕墙工程质量验收应按现行行业标准《玻璃幕墙工程技术规范》（JGJ 102—2003）、《金属与石材幕墙工程技术规范》（JGJ 133—2001）和《人造板材幕墙工程技术规范》（JGJ 336—2016）的规定执行。

12）屋面工程质量验收应按现行国家标准《屋面工程质量验收规范》（GB 50207—

2012）的规定执行。

五、设备与管线系统验收

1）建筑给水排水及采暖工程的施工质量要求和验收标准应按现行国家标准《建筑给水排水及采暖工程施工质量验收规范》（GB 50242—2002）的规定执行。

2）自动喷水灭火系统的施工质量要求和验收标准应按现行国家标准《自动喷水灭火系统施工及验收规范》（GB 50261—2017）的规定执行。

3）消防给水系统及室内消火栓系统的施工质量要求和验收标准应按现行国家标准《消防给水及消火栓系统技术规范》（GB 50974—2014）的规定执行。

4）通风与空调工程的施工质量要求和验收标准应按现行国家标准《通风与空调工程施工质量验收规范》（GB 50243—2016）的规定执行。

5）建筑电气工程的施工质量要求和验收标准应按现行国家标准《建筑电气工程施工质量验收规范》（GB 50303—2015）的规定执行。

6）火灾自动报警系统的施工质量要求和验收标准应按现行国家标准《火灾自动报警系统施工及验收标准》（GB 50166—2019）的规定执行。

7）智能化系统的施工质量要求和验收标准应按现行国家标准《智能建筑工程质量验收规范》（GB 50339—2013）的规定执行。

8）暗敷在轻质墙体、楼板和吊顶中的管线、设备应在验收合格并形成记录后方可隐蔽。

9）管道穿过钢梁时的开孔位置、尺寸和补强措施，应满足设计图纸要求并应符合现行行业标准《高层民用建筑钢结构技术规程》（JGJ 99—2015）的规定。

六、内装系统验收

1）装配式钢结构建筑内装系统工程宜与结构系统工程同步施工，分层分阶段验收。

2）内装工程验收应符合下列规定：

① 对住宅建筑内装工程应进行分户质量验收、分段竣工验收。

② 对公共建筑内装工程应按照功能区间进行分段质量验收。

3）装配式内装系统质量验收应符合现行国家标准《建筑装饰装修工程质量验收标准》（GB 50210—2018）、《建筑轻质条板隔墙技术规程》（JGJ/T 157—2014）和《公共建筑吊顶工程技术规程》（JGJ 345—2014）等的有关规定。

4）室内环境的验收应在内装工程完成后进行，并应符合现行国家标准《民用建筑工程室内环境污染控制标准》（GB 50325—2020）的有关规定。

第二节 竣 工 验 收

1）单位工程质量验收应按现行国家标准《建筑工程施工质量验收统一标准》（GB 50300—2013）的规定执行，单位（子单位）工程质量验收合格应符合下列规定：

① 所含分部（子分部）工程的质量均应验收合格。

② 质量控制资料应完整。

③ 所含分部工程中有关安全、节能、环境保护和主要使用功能的检验资料应完整。

④ 主要使用功能的抽查结果应符合相关专业验收规范的规定。

⑤ 观感质量应符合要求。

2）竣工验收的步骤可按验前准备、竣工预验收和正式验收三个环节进行。单位工程完工后，施工单位应组织有关人员进行自检。总监理工程师应组织各专业监理工程师对工程质量进行竣工预验收。建设单位收到工程竣工验收报告后，应由建设单位项目负责人组织监理、施工、设计、勘察等单位项目负责人进行单位工程验收。

3）施工单位应在交付使用前与建设单位签署质量保修书，并提供使用、保养、维护说明书。

4）建设单位应当在竣工验收合格后，按《建设工程质量管理条例》的规定向备案机关备案，并提供相应的文件。

第三节　质量验收的程序和组织

1）检验批应由专业监理工程师组织施工单位项目专业质量检查员、专业工长等进行验收。

2）分项工程应由专业监理工程师组织施工单位项目专业技术负责人等进行验收。

3）分部工程应由总监理工程师组织施工单位项目负责人和项目技术负责人等进行验收。勘察、设计单位项目负责人和施工单位技术、质量部门负责人应参加地基与基础分部工程的验收。设计单位项目负责人和施工单位技术、质量部门负责人应参加主体结构、节能分部工程的验收。

4）单位工程中的分包工程完工后，分包单位应对所承包的工程项目进行自检，并应按本标准规定的程序进行验收。验收后，总承包单位应派人参加。分包单位应将所分包工程的质量控制资料整理完整，并移交给总承包单位。

5）单位工程完工后，施工单位应组织有关人员进行自检。总监理工程师应组织各专业监理工程师对工程质量进行竣工验收。存在施工质量问题时，应由施工单位整改。整改完毕后，由施工单位向建设单位提交工程竣工报告，申请工程竣工验收。

6）建设单位收到工程竣工报告后，应由建设单位项目负责人组织监理、施工、设计、勘察等单位项目负责人进行单位工程验收。

第八章　装配式钢结构建筑的使用与维护

第一节　使用与维护的一般规定

装配式钢结构建筑的使用与维护应符合以下规定：

1）装配式钢结构建筑的设计文件应注明其设计条件、使用性质及使用环境。

2）装配式钢结构建筑的建设单位在交付物业时，应按国家有关规定的要求，提供《建筑质量保证书》和《建筑使用说明书》。

3）《建筑质量保证书》除应按现行有关规定执行外，还应注明相关部品部件的保修期限与保修承诺。

4）《建筑使用说明书》除应按现行有关规定执行外，还应包含以下内容：

① 二次装修、改造的注意事项应包含允许业主或使用者自行变更的部分与禁止部分。

② 建筑部品部件生产厂、供应商提供的产品使用维护说明书，主要部品部件宜注明合理的检查与使用维护年限。

5）建设单位应当在交付销售物业之前，制定临时管理规约，除应满足相关法律法规要求外，还应满足设计文件和《建筑使用说明书》的有关要求。

6）建设单位移交相关资料后，业主与物业服务企业应按法律法规要求共同制定物业管理规约，并应制定《检查与维护更新计划》。

7）使用与维护宜采用信息化手段，建立建筑、设备与管线等的管理档案。当遇地震、火灾等灾害时，灾后应对建筑进行检查，并视破损程度进行维修。

第二节　各系统使用与维护

一、主体结构使用与维护

1）《建筑使用说明书》应包含主体结构设计使用年限、结构体系、承重结构位置、使用荷载、装修荷载、使用要求、检查与维护等。

2）物业服务企业应根据《建筑使用说明书》，在《检查与维护更新计划》中建立对主体结构的检查与维护制度，明确检查时间与部位。检查与维护的重点应包括主体结构损伤、建筑渗水、钢结构锈蚀、钢结构防火保护损坏等可能影响主体结构安全性和耐久性的内容。

3）业主或使用者不应改变原设计文件规定的建筑使用条件、使用性质及使用环境。

4）装配式钢结构建筑的室内二次装修、改造和使用中，不应损伤主体结构。

5）建筑的二次装修、改造和使用中发生下述行为之一者，应经原设计单位或具有相应资质的设计单位提出设计方案，并按设计规定的技术要求进行施工及验收。

① 超过设计文件规定的楼面装修或使用荷载。

② 改变或损坏钢结构防火、防腐蚀的相关保护及构造措施。

③ 改变或损坏建筑节能保温、外墙及屋面防水相关的构造措施。

6）二次装修、改造中改动卫生间、厨房、阳台防水层的，应按现行相关防水标准制定设计、施工技术方案，并进行闭水试验。

二、围护系统使用与维护

1）《建筑使用说明书》中有关外围护系统的部分，宜包含下列内容：

① 外围护系统基层墙体和连接件的使用年限及维护周期。

② 外围护系统外饰面、防水层、保温以及密封材料的使用年限及维护周期。

③ 外墙可进行吊挂的部位、方法及吊挂力。

④ 日常与定期的检查与维护要求。

2）物业服务企业应依据《建筑使用说明书》，在《检查与维护更新计划》中规定对外围护系统的检查与维护制度，检查与维护的重点应包括外围护部品外观、连接件锈蚀、墙屋面裂缝及渗水、保温层破坏、密封材料的完好性等，并形成检查记录。

3）当遇地震、火灾后，应对外围护系统进行检查，并视破损程度进行维修。

4）业主与物业服务企业应根据《建筑质量保证书》和《建筑使用说明书》中建筑外围护部品及配件的设计使用年限资料，对接近或超出使用年限的进行安全性评估。

三、设备与管线使用与维护

1）《建筑使用说明书》应包含设备与管线的系统组成、特性规格、部品寿命、维护要求、使用说明等。物业服务企业应在《检查与维护更新计划》中规定对设备与管线的检查与维护制度，保证设备与管线系统的安全使用。

2）公共部位及其公共设施设备与管线的维护重点包括水泵房、消防泵房、电机房、电梯、电梯机房、中控室、锅炉房、管道设备间、配电间（室）等，应按《检查与维护更新计划》进行定期巡检和维护。

3）装修改造时，不应破坏主体结构和外围护系统。

4）智能化系统的维护应符合现行国家标准的规定，物业服务企业应建立智能化系统的管理和维护方案。

四、内装系统使用与维护

1）《建筑使用说明书》应包含内装系统做法、部品寿命、维护要求、使用说明等。

2）内装维护和更新时所采用的部品和材料，应满足《建筑使用说明书》中相应的要求。

3）正常使用条件下，装配式钢结构住宅建筑的内装工程项目质量保修期限不应低于2年，有防水要求的厨房、卫生间等的防渗漏保修期限不应低于5年。

4）内装工程项目应建立易损部品部件备用库，保证使用维护的有效性及时效性。

参 考 文 献

［1］ 上官子昌．实用钢结构施工技术手册［M］．北京：化学工业出版社，2013.

［2］ 唐丽萍．钢结构制作与安装［M］．北京：机械工业出版社，2016.

［3］ 王翔．装配式钢结构建筑现场施工细节详解［M］．北京：化学工业出版社，2017.

［4］ 钮鹏．装配式钢结构设计与施工［M］．北京：清华大学出版社，2017.

［5］ 中华人民共和国住房和城乡建设部．钢结构工程施工质量验收标准：GB 50205—2020［S］．北京：中国计划出版社，2020.

［6］ 中华人民共和国住房和城乡建设部．装配式钢结构建筑技术标准：GB/T 51232—2016［S］．北京：中国建筑工业出版社，2017.